2022

全国监理工程师（水利工程）学习丛书

水利工程建设环境保护监理实务

中国水利工程协会　组织编写

中国水利水电出版社
www.waterpub.com.cn

·北京·

内 容 提 要

本书介绍了环境和生态的基本概念、水利工程建设对环境的主要影响、建设项目环境影响评价的主要内容和作用、环境保护设计的主要内容、竣工环境保护验收的程序和要求以及环境保护相关法律法规。在此基础上，本书还讲述了水利建设项目环境保护监理业务工作，包括监理的目的、监理发展现状、监理组织机构、监理工作内容及要求等。最后本书做了实例分享，介绍了黄河小浪底水利枢纽工程、长江重要堤防隐蔽工程、河口村水库工程、长江镇扬河段三期整治工程等 4 个典型水利工程环境保护监理实施情况，以便更直观地认知水利建设项目环境保护监理工作。

本书可作为水利工程建设环境保护监理业务参考书，也可供水利工程环境保护设计与管理人员参阅。

图书在版编目（CIP）数据

水利工程建设环境保护监理实务 / 中国水利工程协会组织编写. -- 北京 ：中国水利水电出版社，2023.2
（全国监理工程师（水利工程）学习丛书）
ISBN 978-7-5226-1217-1

Ⅰ．①水… Ⅱ．①中… Ⅲ．①水利工程－工程施工－环境保护－监督管理－资格考试－自学参考资料 Ⅳ．①X83

中国国家版本馆CIP数据核字(2023)第003274号

书　　名	全国监理工程师（水利工程）学习丛书 **水利工程建设环境保护监理实务** SHUILI GONGCHENG JIANSHE HUANJING BAOHU JIANLI SHIWU
作　　者	中国水利工程协会　组织编写
出版发行	中国水利水电出版社 （北京市海淀区玉渊潭南路 1 号 D 座　100038） 网址：www.waterpub.com.cn E-mail：sales@mwr.gov.cn 电话：(010) 68545888（营销中心）
经　　售	北京科水图书销售有限公司 电话：(010) 68545874、63202643 全国各地新华书店和相关出版物销售网点
排　　版	中国水利水电出版社微机排版中心
印　　刷	天津嘉恒印务有限公司
规　　格	184mm×260mm　16 开本　12 印张　285 千字
版　　次	2023 年 2 月第 1 版　2023 年 2 月第 1 次印刷
定　　价	**45.00 元**

水利工程建设环境保护监理实务
（第二版）

编 审 委 员 会

序

（第二版）

当前，在以水利高质量发展为主题的新阶段，无论是完善流域防洪减灾工程体系，实施国家水网重大工程，还是复苏河湖生态环境，推进智慧水利建设，工程建设都是目标落地的重要支撑。水利工程建设监理行业需要积极适应新阶段的要求，提供高质量的监理服务。

全国监理工程师考试是监理工程师上岗执业的入口，而监理工程师学习丛书是系统掌握监理工作需要的法律法规、技术标准和专业知识的基础资料，其重要性不言而喻。中国水利工程协会作为水利工程行业自律组织，始终把水利工程监理行业自律管理、编撰专业书籍作为重要业务工作。自2007年编写出版"水利工程建设监理培训教材"第一版以来，已陆续修订了三次。近两年来，水利工程建设领域的一些规章、规范性文件和技术标准陆续出台或修订，因此，适时进行教材修订十分必要。

本版学习丛书主要是在第三版水利工程建设监理培训教材的基础上编写而成的，不再单列《建设工程监理法规汇编》和《建设合同管理（水利工程）》，前者相关内容主要融入《建设工程监理概论（水利工程）》分册中，后者相关内容分别融入《建设工程质量控制（水利工程）》《建设工程进度控制（水利工程）》《建设工程投资控制（水利工程）》3本分册中，并增加《水利工程建设安全生产管理》《水土保持监理实务》《水利工程建设环境保护监理实务》《水利工程金属结构及机电设备制造与安装监理实务》。调整后，本版丛书总共9分册，包括：《建设工程监理概论（水利工程）》《建设工程质量控制（水利工程）》《建设工程进度控制（水利工程）》《建设工程投资控制（水利工程）》《建设工程监理案例分析（水利工程）》《水利工程建设安全生产管理》《水土保持监理实务》《水利工程建设环境保护监理实务》《水利工程金属结构及机电设备制造与安装监理实务》。

希望本版学习丛书能更好地服务于全国监理工程师（水利工程）学习、培训、职业资格考试备考，便于从业人员系统、全面和准确掌握监理业务知识，提升解决实际问题的能力。

中国水利工程协会

2022 年 12 月 10 日

前　言

（第二版）

　　2010 年由中国水利工程协会主编出版的《水利工程建设环境保护监理》得到了广大使用单位和读者的大力支持与肯定，已成为水利工程建设监理人员和其他有关部门技术人员的重要参考用书。

　　党的十八大以来，生态文明建设纳入"五位一体"总体布局，实行最严格的环境保护制度，配套的环境保护相关法律法规陆续发布，"绿水青山就是金山银山"的理念深入人心。新的环境保护法律法规对水利工程建设环境保护监理工作提出了新的要求。为进一步规范和推进水利工程建设环境保护监理工作，适应生态环境保护的新形势、新任务和新要求，中国水利工程协会根据"全国监理工程师（水利工程）学习丛书"编写计划，决定对《水利工程建设环境保护监理》进行修编。

　　本书是在《水利工程建设环境保护》（第一版）的基础上修编而成的，是全国监理工程师（水利工程）学习丛书的组成分册。本次修编主要依据现行法律、法规、部门规章和行政规范性文件，在维系原书章节结构的基础上对生态环境保护政策形势、环境保护监理工作要求予以修改、补充和完善，增编了近年来水利工程环境保护监理的新经验、新理论、新技术。

　　本书的主编单位为中水淮河规划设计研究有限公司，参编单位有中水淮河安徽恒信工程咨询有限公司、淮河流域水资源保护局淮河水资源保护科学研究所。本书共分四章，由孙锋主编、韦翠珍统稿；第一章由杨智、李洪亮、景圆编写；第二章由韦翠珍、刘华春、李洪亮编写；第三章由孙锋、王蓉、张凤编写；第四章由孙锋、史玮、周琳编写。全书由华北水利水电大学聂相田主审。

　　由于本书编写涉及生态学、环境科学、水文学、污染防治等诸多学科，书中难免有疏漏和不妥之处，恳请广大读者批评指正。

编者

2023 年 2 月 2 日

前　言

（第一版）

　　水利工程建设监理是我国水利工程建设管理体制改革，实行"三项制度"的重要举措之一。经过20多年的实践，水利行业已建立了比较完善的监理法规和制度体系，锻炼并培养了一批较高素质的监理人才，形成了一定的监理行业规模，在水利工程建设中发挥了重要作用。

　　为加强水利建设项目环境保护，自1995年开始，我国陆续在黄河小浪底水利枢纽工程、山西省万家寨引黄工程等利用世界银行贷款项目中，引入了环境保护监理模式。2002年，国家环境保护总局、水利部等6部委联合发布了《关于在重点建设项目中开展工程环境监理试点的通知》，明确了多个水利水电工程作为开展施工期环境监理的试点工程。通过工程实践，取得了良好的环境保护效果，积累了宝贵的经验，带动了我国环境保护监理事业的发展。2006年11月，水利部发布了《水利工程建设监理规定》，将水利工程建设环境保护监理列为4个监理专业类别之一，从而以部委规章的形式正式确定了在水利工程建设中实行环境保护监理的制度。

　　为进一步规范和推进水利工程建设环境保护监理工作，在水利部建设与管理司和水资源管理司的指导下，我协会组织有关专家编写了本书，作为从事水利工程建设环境保护监理广大人员的业务参考书和全国水利工程建设监理工程师执业资格考试的主要参考书。

　　本书共分为四章：第一章主要介绍国家环境保护和环境影响评价的法律法规体系，以及水利建设项目环境保护的法规与要求；第二章主要阐述环境和生态的基本概念，水利建设项目建设过程中各个环节涉及的环境保护程序；第三章主要讲述了水利建设项目具体环境保护监理业务工作；第四章重点介绍了黄河小浪底水利枢纽工程和长江重要堤防隐蔽工程等两个典型水利工程的环境保护监理实施情况。

　　本书由聂相田、翟伟锋主编，王健、张雪虎副主编，王健、王晶华编写第一章，李振海、闫俊平、张雪虎编写第二章，聂相田、翟伟锋编写第三章，李仁、解新芳编写第四章。

　　由于本书所涉监理专业为一个崭新的领域，书中难免有不妥之处，恳请读者批评指正。

中国水利工程协会

2009年11月

目 录

第一章 水利工程建设环境保护概述

第一节 环境保护基本概念

一、环境基本概念

(一) 环境定义

环境是相对于中心事物而言的。某一中心事物周围的事物就是该中心事物的环境。我们通常所说的环境，是指以人类为主体的外部世界，即人类赖以生存和发展的物质条件的综合体，是人类生存和发展的基础，也是人类开发利用的对象。

《中华人民共和国环境保护法》(简称《环境保护法》) 所称的环境是指影响人类生存和发展的各种天然的和经过人工改造的自然因素的总体，包括大气、水、海洋、土地、矿藏、森林、草原、湿地、野生生物、自然遗迹、人文遗迹、自然保护区、风景名胜区、城市和乡村等。

(二) 环境分类和组成

在环境科学中，将环境按空间尺度划分为不同层次，如居住环境、聚落环境、城市环境直至全球环境。按其组成要素又可划分为大气环境、水环境、土壤环境和生态环境。大气环境、水环境、土壤环境又可称为物化环境，也形象地称为大气圈、水圈和岩石圈，而居于上述圈层交接带或界面上的生物圈称为生态环境。从生态学角度还可划分为陆生环境、水生环境和森林环境等。

环境又包括自然环境和社会环境。自然环境是社会环境的基础，社会环境是自然环境的发展。

自然环境是指环绕着人群的空间，可以直接、间接地影响人类生活、生产的一切自然形成的物质、能量的总体，是人类生存的物质基础。自然环境要素包括大气环境、水环境、土壤环境和地质环境等，按人类影响的程度可分为原生环境、次生环境等。

社会环境是指在自然环境的基础上，人类通过长期有意识的社会劳动，加工和改造的自然物质、创造的物质生态体系、积累的物质文化等所形成的体系，是经过人工改造过的自然因素的总体，如自然遗迹、人文遗迹、自然保护区、风景名胜区、城市和乡村等。在水利工程环境影响评价中通常把经济社会、移民、人群健康、文物古迹等列为社会环境。

围绕人群的各种环境要素构成的整体称为环境系统。环境系统由各环境要素组成，环境要素包括生物的和非生物的，具体指大气、水体、土壤、岩石、气候、光、声与生物等。

(三) 环境特征

环境是以人群为主体的客观物质体系，具有整体性和区域性、变动性和稳定性、资源性与价值性等基本特征。

1. 整体性和区域性

整体性是环境最基本的特征，主要体现在环境系统的结构和功能两方面。环境系统的各要素或各组成部分之间通过物质、能量流动而彼此关联，互联互动，在不同的时刻呈现出不同的状态。环境系统的功能不仅是各组成要素的简单加和，而且是各要素通过一定联系方式所形成的与结构紧密相关的功能状态。

环境又有明显的区域差异，即具有区域性。季风和逆温、滨海的海陆风，就是地理区域性不同导致的大气环境差异。如我国海南岛的热带生态系统、南北内陆的荒漠生态系统等均是气候不同造成的生态环境差异。

2. 变动性和稳定性

环境的变动性是指在自然、人为或两者共同作用下，环境的内部结构和外在状态始终处于变动之中。环境稳定性是相对于变动性而言的，是指环境系统具有一定的自我调节功能，有相对的稳定性。

3. 资源性与价值性

环境的资源性是指环境为人类生存和发展提供的资源。环境资源包括物质方面的资源和精神方面的资源。如空气资源、生物资源、水资源等是物质方面的资源，美好的景观、广阔的空间等就是精神方面的资源。

资源是有价值的，因此，环境具有资源性就具有价值性。环境的价值性是动态的概念，随着社会的发展，环境资源日趋紧缺，人们对环境资源的价值的认识也在不断地加深。有些原来不具有价值的东西逐渐变得有价值，甚至十分珍贵。

（四）环境质量

地球长期演化形成了大气圈、水圈、岩石圈和生物圈所特有的组成、结构并按一定的自然规律运行，这就构成了它们的质量要素。地球上的一切生物，包括人类在内都是在特定的环境中生存和发展的。生物与其所处的环境相互作用、相互适应，最终形成一种平衡和和谐的关系。频繁的人类活动会改变某种环境的组成成分，或破坏其固有的结构，或扰乱了其自然运行规律；社会变化会造成环境质量的下降，甚至使环境变得不适宜于人类的生存和发展。因此，环境质量是环境系统客观存在的一种本质属性，是因人对环境的具体要求而形成的评定环境的一种概念，是人类生存和发展适宜程度的标志。

环境质量包括整体环境质量和各环境要素的质量。整体环境质量指环境系统总体质量，如整个城市环境质量；各环境要素的质量如大气环境质量、水环境质量、土壤环境质量、声环境质量、生态质量等。

环境问题亦称环境资源问题或生态环境问题，指因人类活动或自然变化而引起或可能引起的环境破坏和恶化，以及由此给人类生存和发展带来的不利影响。可分为污染影响和生态破坏两大类。大气、水、土壤、声环境的主要环境问题是污染影响，即人类活动输入污染物导致环境质量的下降。生态环境问题除污染影响外，主要是人类过度开发导致生态质量的下降，如森林消失、草场退化、耕地减少和水土流失加剧以及生物多样性减少等。

（五）常用术语

1. 水污染

水有多种用途，如生活饮用、工业、农业、水产养殖、景观娱乐和环境用水等。水的不同用途对水质有不同要求。由于人类活动导致大量污染物排入水体，当污染物在水体中的含量超过了水体的本底含量和水体的自净能力时，水体原有的用途受到破坏。若继续使用，会产生危害人体健康或破坏生态环境的后果，这种现象称为水污染。天然水体的自净功能使水体具有一定的接纳污染物的能力，称之为水体的纳污能力，也叫做水环境容量。当排入水体的污染物总量没有超过水体的承受能力时，水体的用途不会被破坏；只有当排入水体的污染物总量超过水体自净功能的限度时，水体才会失去原有的用途。

水中各项物质含量的具体衡量尺度称水质指标。各种水质指标表示水中物质的种类和数量，由水质指标值和水质标准值的对比来判断水质的好坏以及是否满足要求。水质指标通常分为物理、化学和微生物学指标三类。常用的水质指标主要有以下几类：

（1）水温、悬浮物（SS）、浊度、透明度及电导率等物理指标，pH值、总碱（酸）度、总硬度等化学指标，用来描述水中杂质的感官质量和水的一般化学性质，有时还包括对色、嗅、味的描述。

（2）氧的指标体系，包括溶解氧、生化需氧量、化学需氧量等，用来衡量水中溶解氧和有机污染物质的多少，也可以用碳的指标来表示，如总有机碳、总碳等。

（3）氨氮、亚硝酸盐氮、硝酸盐氮、总氮、磷酸盐和总磷等，用来表征水中植物营养元素的多少，也反映污染程度，有时还加上表征生物量的指标叶绿素 a。

（4）金属元素及其化合物，如汞、镉、铅、砷、铬、铜、锌、锰等，包括对其总量及不同状态和价值含量的描述。

（5）其他有害物质，如挥发酚、氰化物、油类、氟化物、硫化物以及有机农药、多环芳烃等致癌物质。

（6）细菌总数、大肠菌群等微生物学指标，用来判断水受致病微生物污染的情况。

（7）还可根据水体中污染物的性质采用特殊的水质指标，如放射性物质浓度等。

有的水质指标是水中某一种或某一类物质的含量，直接用其浓度表示，如某种重金属和挥发酚；有些是利用某类物质的共同特性来间接反映其含量的，如 BOD_5、COD 等；还有一些指标是与测定方法直接联系的，具有一定的主观性，如浑浊度、色度等。

水质指标能综合表示水中物质的种类和含量，需要根据生产和环境科学的发展逐步完善制定最合理的指标体系、采样与检测方法。

2. 大气污染

大气污染是指大气中一些物质的含量达到有害的程度以至破坏生态系统和人类正常生存和发展的条件，对人或生态环境造成危害的现象。

大气污染物由人为源或者天然源进入大气（输入），参与大气的循环过程，经过一定的滞留时间之后，又通过大气中的化学反应、生物活动和物理沉降从大气中去除（输出）。如果输出的速率小于输入的速率，就会在大气中相对集聚，造成大气中某种物质的浓度升高。当浓度升高到一定程度时，就会直接或间接地对人、生物或材料等造成急性、慢性危害。

大气污染物按其存在状态可分为两大类：一种是气溶胶状态污染物，另一种是气体状态污染物；若按形成过程分类则可分为一次污染物和二次污染物。一次污染物是指直接从污染源排放的污染物质，二次污染物则是由一次污染物经过化学反应或光化学反应形成的与一次污染物的物理化学性质完全不同的新的污染物，其污染程度和对大气环境的危害往往比一次污染物强。

3. 土壤污染

土壤是指陆地表面具有肥力、能够生长植物的疏松表层，其厚度一般在 2m 左右。土壤不但为植物生长提供机械支撑能力，并能为植物生长发育提供所需要的水、肥、气、热等肥力要素。凡是妨碍土壤正常功能，降低作物产量和质量，并通过粮食、蔬菜、水果等食物链间接影响人体健康的物质，都叫做土壤污染物。土壤污染途径主要有固体废物不断向土壤表面堆放和倾倒，有害废水不断向土壤中渗透，大气中的有害气体及飘尘也不断随降水降落在土壤中等。

土壤污染物大致可分为无机污染物和有机污染物两大类。无机污染物主要包括酸、碱、重金属，盐类，放射性元素铯、锶的化合物，含砷、硒、氟的化合物等。有机污染物主要包括有机农药、酚类、氰化物、石油、合成洗涤剂、苯并芘以及由城市污水、污泥及厩肥带来的有害微生物等。当土壤中含有害物质过多，超过土壤的自净能力时，就会引起土壤的组成、结构和功能发生变化，微生物活动受到抑制，有害物质或其分解产物在土壤中逐渐积累，并通过"土壤→植物→人体"或"土壤→水→人体"途径间接被人体吸收，达到危害人体健康的程度。

二、生态基本概念

（一）生态系统

生物圈是地球环境的特征，也是人类赖以生存和发展的基础，是人类环境的重要组成部分，也就是通常说的生态环境。

生态学将生物圈按其形成顺序分为不同层次的学科，由低至高为个体、种群、群落、生态系统直至生物圈。

个体——单个动物或植物。

种群——任何一种生物的个体群。

群落——存在于自然界一定范围或特定区域并相互依存的不同物种种群的总和。

生态系统——特定地区内生物群落及其生存环境的总和。

生物圈——地球所有生态系统的总和。

生态环境影响的基本对象是生态系统。生态系统是指生命系统与非生命系统在特定空间内组成的具有一定结构与功能的系统。生态系统包括生物成分和非生物成分，生物成分包括生产者、消费者和分解者，生产者是能以简单的无机物制造食物的自养生物，消费者是直接或间接地依赖于生产者所制造的有机物，分解者是把动植物体的复杂有机物分解为生产者能重新利用的简单的化合物并释放出能量。当生态系统的能量流动、物质循环和信息传递皆处于稳定和通畅状态时，称为生态平衡。在自然生态系统中，平衡还表现为物种数量的相对稳定。生态系统之所以能够保持相对的平衡稳定状态是因其内部具有移动调节（也称自我修复）能力。生态系统的组成如图1-1所示。

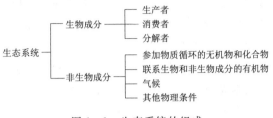

图1-1　生态系统的组成

按生态系统的组成和影响可将其分为自然生态系统、人工生态系统和半人工生态系统。自然生态系统是指未受人类活动干扰或人工扶持，在一定空间和时间范围内依靠生物及其环境本身的自我调节来维持相对稳定的生态系统，包括水生生态系统和陆生生态系统；人工生态系统指按照人类需求建立起来的，或受人类活动强烈干扰的生态系统，主要包括城市生态系统和农业生态系统等；半人工生态系统介于自然生态系统和人工生态系统之间。生态系统的分类如图1-2所示。

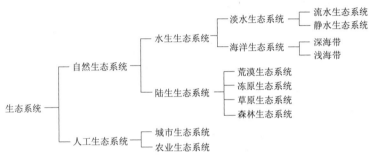

图1-2　生态系统的分类

（二）典型生态系统

1. 淡水生态系统

淡水生态系统又可分为流水生态系统和静水生态系统。流水生态系统（河流）中，因流速的影响，可形成适应急流或缓流不同生态特点的生物种类。静水生态系统（湖泊、水库）因水的流动性和更换速度很慢，其生态结构也受如光照、水深、水温及底质等因子的制约。

淡水生态系统由于易受到人类强烈干扰，进而发生剧烈变化，对其影响最大的因素是：拦河筑坝、建闸、引水等改变河流水文状况；输入污染物恶化淡水水质；过度捕捞水产资源引起物种生态结构恶化和物种灭绝；引入外来物种导致土著物种灭绝；人类占据或破坏水生生物的栖息地和繁殖地，导致水生生态系统的退化甚至毁灭等。

2. 海洋生态系统

海洋生态系统中的浅海生态系统和陆地生态系统都与人类关系密切。一是，陆地河流为浅海生态系统输入大量营养物，促进海洋生物的繁育；二是，河流带入海洋大量污染物，对海洋生物造成危害；三是，人类各种活动干扰以及集中捕捞、破坏产卵场等使海洋生物种群急剧减少。

3. 荒漠生态系统

荒漠生态系统的显著特点是日照强烈、降水稀少、蒸发量大、干旱多风、气候恶劣；

土壤有机质少，盐碱土和风沙土广泛分布；植被稀疏、矮小，生物多样性不高；受严酷环境条件的影响，荒漠生态系统具有受到破坏后难以恢复的脆弱性特点。

我国荒漠生态系统受开发压力影响，正处于剧烈变化之中。主要变化有：上游开辟新绿洲或建造截流工程增加用水量，导致下游缺水，原有的绿洲萎缩；改变河流水量分配，尤其是剥夺自然生态用水量，加上无序开荒，过度放牧、樵采，破坏植被，加剧部分地区荒漠化发展。

4. 草原生态系统

草原生态系统的生物群落主体是草本植物。草原是我国主要自然生态系统之一，按地带、气候、植被类型可将其划分为草甸草原、荒漠草原、灌丛、稀树灌丛草原等 18 类、37 个亚类。

草原生态系统降水量较少且年变幅大、蒸发量较大、日照充足、干旱多风，也具有受到破坏后较难恢复的脆弱性特点。

我国部分草原生态系统已不是纯粹的自然生态系统了。超载过量、采食过量，使牧草再生产能力下降，导致草原植被退化和土地沙化，引起草原退化；农垦干旱草原，造成草原生态系统消失，并出现土地沙化；草原地区开发矿业、修建交通道路等项目，破坏草原植被、沙化土地；猎捕草原生物资源造成生物多样性下降，草原生境恶化，生态平衡遭到破坏，导致病、虫、鼠害加剧，草原生态系统进一步破坏。

5. 森林生态系统

森林生态系统是以树木或其他木本植物为生物群落主体的生态系统，是陆地生态系统的主体。

森林生态系统是陆地上生物种类多、结构复杂、稳定性和生产力高的生态系统。因此，它是生态服务功能最高的生态系统，具有固定二氧化碳、释放氧气、维护地球碳氧平衡的功效；具有蒸腾水分，改善气候，参与地球水分循环的作用；具有涵养水源，保持水土，防风固沙，改善土壤环境的功能；具有吸收有毒有害气体，吸尘滞尘，净化环境和释放负氧离子，改善大气环境的功能；具有保护生物多样性，提供综合环境服务的功能。森林在美化环境，塑造美好景观方面，也扮演着不可替代的作用。

由于人类过度砍伐和毁坏，使得森林日趋减少，相应的环境服务功能日益下降，甚至出现干旱、风沙危害、洪水肆虐、滑坡与泥石流等严重的自然灾害。因此，保护自然森林生态系统、积极发展森林，增加森林覆盖度，恢复森林生态系统环境服务功能，是人类改善生态环境的首要措施。

6. 城市生态系统

城市生态系统指城市空间范围内的居民与自然环境及人工建造的社会环境相互作用而形成的统一体，属人工生态系统。它是以人为主体的开放性的生态系统。

城市消耗了全球 75% 的资源，是各种环境污染物的主要排放源。当前城市正在面临生态功能退化、空气水体严重污染、人居环境质量恶化等问题。

7. 农业生态系统

农业生态系统是在自然生态系统基础上发展起来的一种人工生态系统，它是人类驯化后的自然生态系统，是以人类为主体的环境，其环境成分还包括人工建造的客体，如村庄、建筑物等。

（三）常用生态术语

1. 生态因子

生态因子指生物或生态系统的周围环境因素。一般分为气候因子、土壤因子、地质地貌因子、生物因子、人为因子等。每一类还可分为若干亚类，如气候因子可分为温度、湿度、光照等。生态因子又可分为生物因子和非生物因子。生物因子包括主体以外的各种生物，非生物因子包括各种物理、化学的环境因素，如热量、水、土壤、湿度等。

2. 生物多样性

《生物多样性公约》定义的生物多样性是指所有来源的形形色色生物体。这些来源包括陆地、海洋和其他水生生态系统及其所构成的生态综合体；包括物种内部、物种之间和生态系统的多样性。生物多样性包括：基因、物种和生态系统等三个层次。

3. 湿地

《中华人民共和国湿地保护法》（简称《湿地保护法》）所称湿地，是指具有显著生态功能的自然或者人工的、常年或者季节性积水地带、水域，包括低潮时水深不超过 6m 的水域，但是水田以及用于养殖的人工水域和滩涂除外。

4. 自然保护区

《自然保护区条例》所称自然保护区，是指对有代表性的自然生态系统、珍稀濒危野生动植物物种的天然集中分布区、有特殊意义的自然遗迹等保护对象所在的陆地、陆地水体或者海域，依法划出一定面积予以特殊保护和管理的区域。建立自然保护区的目的是保护珍贵的、稀有的动植物资源，以及保护代表不同自然地带和自然环境的生态系统。

第二节　水利工程对环境的主要影响

水利工程对环境的影响有别于其他工业类生产项目，属于生态影响类，工程运行期一般不直接产生如废气、污水、固体废物、噪声之类的污染物，但同样存在对环境的影响问题。水利工程对环境影响，视工程规模、特性及所在地理位置而定。大型水库工程对库区及其邻近地区、对上游一些支流和下游河段与河口的水文情势、水环境、生态等产生影响；较大规模的引水工程对引水地点的上下游河段、输水线路和受水区的水文情势、水环境、生态等产生影响；供水、灌溉工程增加河道外用水而相应减少河道内水量；各类工程占用大量土地资源对土地、生态的影响等。工程对环境的影响可分为有利与不利两方面。就其产生的来源与影响的程度，又可分为：直接或间接、原生或次生、短期或长期、暂时或积累、强烈或微弱、明显或潜在、可逆或不可逆的影响等。

水利工程建设规模较大、总工期较长、使用机械数量多、施工人员多而集中，涉及范围大。施工期会产生一定量的生产废水、生活污水、机械噪声、废气、固体废物等污染物，对环境造成短期不利影响；水利工程临时占地面积大，扰动地表、损坏植被和农田，对生态造成短时期破坏。运行期的影响主要是大型枢纽工程、引调水工程、拦河闸坝对水文情势、水环境、生态、局地气候、土壤和土地资源等的影响。

一、水利工程基本概念

（一）水利工程定义

水利工程指为了控制、调节和利用自然界的地面水和地下水以达到除害兴利的目的而兴建的各种工程。自然界的水在空间和时间上的分布及其在自然界的存在状态，不能完全适应人类的需要。为了防治水旱灾害并合理利用水资源，以满足人类生活、工农业生产、交通运输、能源供应、环境保护和生态建设等方面的需要，常需统筹规划，因地制宜地修建一系列水利工程，如防洪工程、农田水利工程、水力发电工程、航道和港口工程、供水和排水工程、环境水利工程、海涂围垦工程等。可同时为防洪、供水、灌溉、发电等多种目标服务的水利工程，称为水利枢纽。

（二）水利工程分类

水利工程按目的或服务对象可分为

（1）防范洪水灾害的防洪工程。

（2）防范旱、涝、渍灾为农业生产服务的农田水利工程，或称灌溉和排水工程。

（3）将水能转化为电能的水力发电工程。

（4）为人类生活和工业用水及排泄、处理废水和雨水服务的城镇供水及排水工程。

（5）为水运服务的航道及港口工程。

（6）跨区域水资源配置的引调水工程。

此外，还有防止水土流失和水质污染，维护生态平衡的水土保持工程和环境水利工程；保护和增进渔业生产的渔业水利工程；围海造田，满足工农业生产或交通运输需要的海涂围垦工程等。一项同时为防洪、灌溉、发电、航运等多种目标服务的水利工程，称为综合利用水利工程。

水利工程按其对水的作用分为

（1）蓄水工程，指水库和塘坝（不包括专为引水、提水工程修建的调节水库）。按大、中、小型水库和塘坝分别统计。

（2）引水工程，指从河道、湖泊等地表水体自流引水的工程（不包括从蓄水、提水工程中引水的工程）。按大、中、小型规模分别统计。

（3）提水工程，指利用扬水泵站从河道、湖泊等地表水体提水的工程（不包括从蓄水、引水工程中提水的工程）。按大、中、小型规模分别统计。

（4）调水工程，指水资源一级区或独立流域之间的跨流域调水工程，蓄、引、提工程中均不包括调水工程的配套工程。

（5）地下水源工程，指利用地下水的水井工程，按浅层地下水和深层承压水分别统计。

（三）水利工程组成

水利工程主要由各种类型的水工建筑物组成。按服务对象可将水工建筑物划分为服务于多种目标的通用性水工建筑物和服务于单一目标的专门性水工建筑物。

1．通用性水工建筑物

（1）挡水建筑物，如拦截水流、抬高水位、调蓄流量的拦河坝、拦河闸、节制闸，挡御河水、海浪的堤防、海塘等。

（2）泄水建筑物，如用以宣泄水库、湖泊、河道、渠道、涝区的洪水和涝水，或为降低这些水体的水位而设置的溢流坝、溢洪道、溢洪堤、泄水闸、泄水隧洞、泄水涵管、分洪闸、排水闸、排水泵站及排水（洪）渠道等。

（3）取水建筑物，如从水库、湖泊、河流、渠道取水的进水闸、分水闸、隧洞、扬水泵站等。

（4）输水建筑物，如将取用的水输送至用水地点的输水渠道、管网、隧洞、涵管、渡槽和倒虹吸等。

（5）河道整治建筑物，如控制水流、改善河道以及减免水流对河岸、河床、库岸、海岸的冲击和淘刷等不利影响的堤防、海塘、丁坝、顺坝、导流堤和护岸等。

2．专门性水工建筑物

（1）为水力发电服务的压力前池、压力管道、调压室和水电站厂房等。

（2）为城镇供水及排水服务的沉淀池、配水管网、污水处理厂和排污管（渠）道等。

（3）为航运服务的船闸、升船机、船坞、码头和防波堤等。

（4）为过木、过鱼服务的筏道、鱼道、鱼闸等。

此外，农田水利专用的管道灌溉、喷灌、滴灌等灌溉设施，以及水土保持、环境水利、水产养殖等，也都有其专用的水工建筑物。

（四）水利工程特点

水利工程多修建在江河、湖泊、海岸等范围内，既对水起控制作用，又承受水的作用，因而具有不同于其他工程的特点。

（1）一项水利工程常是同一流域或同一地区所有水利工程乃至其他建设工程的组成部分，与其他水利工程乃至其他建设工程存在着对立统一的关系；而一项水利工程往往同时为防洪、供水、灌溉、发电、航运等多方面服务，在这些服务对象之间同样存在着对立统一的关系。因此，兴建水利工程必须遵循全面规划、统筹兼顾、标本兼治、综合利用的原则。

（2）水利工程特别是一些大型水利工程的兴建，都在不同程度上改变了江河、湖泊、海岸以及邻近土地的天然状态，对生态环境、自然景观、区域气候以及人类生活、社会经济等都将产生一定影响。在有利方面，除具有除害、兴利主要的效益外，还可以绿化大地、改良土壤、改善气候，形成优美的旅游和休养场所。在不利方面，水库蓄水将淹没耕地、城镇、文物古迹、居民点以及工矿、铁路、公路、通信线路等，需要妥善做好移民安置、淹没补偿和文物保护，并对工矿、铁路、公路、通信线路等进行必要的迁建或复建；还有可能引起附近土地的沼泽化和盐碱化、河道的冲刷和淤积，甚至影响水生和陆生生物的繁殖和生长。

（3）作为水利工程主要组成部分的水工建筑物，在施工、运行过程中，要承受水压力、浮力、渗透力以及侵蚀、冲刷和冰冻等作用，加之水工建筑物所在地区的水文、地形、地质条件各异，因而水工建筑物的设计、施工和运行管理也较为复杂。

（4）水利工程的效益具有一定的随机性，根据每年水文状况不同而效益不同，农田水利工程还与气象条件的变化有密切联系，影响面广。

由于水利工程具备上述一些特点，而且其规模一般较大，涉及的因素较多，因而其建设是一项比较复杂的系统工程。拟建一项水利工程时，必须以流域规划及区域规划为依据，根据规模和影响的大小，确定水利工程和所属建筑物的等级，按照基本建设程序，进行不同深度的设计。在规划、工程设计和建设过程中，必须重视环境保护，工程对环境与生态的不利影响应采取工程措施、生物措施、管理措施等将不利影响降低到最低程度，从保护环境与生态的角度论证工程建设的可行性。水利工程建设过程中，对施工产生的废气、扬尘、废水、噪声和固体废物等污染物必须采取有效控制措施加以控制，使之满足规定的标准。

二、水利工程施工期对环境的主要影响

水利工程施工期间的新增污染主要是废水、废气（包括扬尘）、噪声、固体废物等影响周边环境，工程区扰动地表、临时占压土地、弃土弃渣产生水土流失、影响景观文物，并破坏生态，施工区施工人员高度集中，易引起施工人员健康问题。

（一）废水

施工期废水产生环节主要在：砂石料加工厂对含泥量大的砂砾料进行冲洗产生生产废水，一般废水产生量较大；大型建筑物基坑开挖、洞室开挖的排水；机械修配厂的机械冲洗含油废水；混凝土拌和系统的冲洗碱性水和混凝土养护碱性水；施工营地生活排水；现场工地试验室试验过程中产生的化学废液。

大型水利工程施工期的生产废水和生活污水排放量较大，如不经处理直接排放，在排放口下游存在饮用水源保护区等敏感目标时，也会造成水污染问题。

河道疏浚等水下施工，扰动水体使河流水中悬浮物增加，甚至造成底泥中污染物释放，引起水体二次污染。

（二）废气（包括扬尘）

施工期废气（包括扬尘）的产生环节主要在机械作业区和施工道路区。工程施工期，运输原材料、施工机械设备在运行过程中均会排放一定量的 CO、NO_x 以及未完全燃烧的 THC 等，其特点是排放量小，且属间断性无组织排放，加之施工场地开阔，扩散条件良好，因此在施工期内只要注意施工设备的维护，使其能够正常地运行，就基本可以达到相应的排放标准。

施工期间大气污染物主要还有材料运输、装卸、土石方开挖等产生的扬尘，施工临时道路质量差、养护不好，大量的大型机械车辆过往产生的扬尘对周边居民、农作物会产生较大影响。

扬尘是工程施工期比较突出的环境问题。形成施工期扬尘影响的主要原因如下：

（1）物料运送、堆放期间将引起扬尘污染，尤其是在风速较大或车辆行驶速度较快的情况下，影响范围较大。

（2）施工过程中，作业场地没有采取围挡、围护措施，导致大量尘埃散逸到周围环境空气中。

（3）除部分对外永久道路为硬化路面外，大部分施工道路为土路或泥结石路面，路面质量差，易造成道路大量扬尘。

（4）扬尘治理措施不能很好地控制污染。

（三）噪声

许多工程分布在城镇、乡村人口较密集区域，环境敏感目标多，噪声污染直接对周围居民、学校、医院、机关等敏感目标产生较大影响，还可能对陆生、水生动物及鸟类造成影响。

水利工程开山碎石及爆破作业、路途运输土石方及其他建筑材料的载重汽车，以及建设工地的各种施工机械（例如打桩机、推土机、挖掘机、装载机等）在工作时都会产生不同程度的噪声，对当地居民日常生活带来一定的影响。

噪声是工程施工期比较突出的环境问题。形成施工期噪声影响的主要原因如下：

（1）施工工期紧张，施工不能按要求严格控制在白天上、下午进行，在中午和夜间施工，机械和运输噪声对居民生活影响较大。

（2）施工场地周围无消声措施，场界噪声控制不达标。

（3）噪声敏感保护点无隔声措施。

（4）施工机械和设备维护保养不及时，影响其正常运行。

（四）固体废物

固体废物是指在生产、生活和其他活动中产生的丧失原有利用价值或者虽未丧失利用价值但被抛弃或者放弃的固态、半固态和置于容器中的气态的物品、物质以及法律、行政法规规定纳入固体废物管理的物品、物质。《固体废物污染环境防治法》把固体废物分为工业固体废物、生活垃圾、建筑垃圾、农业固体废物和危险废物等。由于液态废物（排入水体的废水除外）的污染防治同样适用于固体废物污染环境防治法，所以有时也把这些废物称为固体废物。

工程建设施工期间，由于种种原因，要废弃大量固体物质如砂石料、石灰块、水泥块等，这些固体废物有相当一部分失散在施工工地周围，造成土壤污染。还有来自施工现场的土石粉粒、粉煤灰、石灰、水泥等粉状建筑材料中的悬浮物，在施工期间由于地表水的冲刷而流失，一部分沉积在工地周围土壤中，而另一部分进入当地河流中，对土壤和河水都会造成污染。

（五）人群健康

水利工程在建设过程中会产生大量的废水、废气、废渣等，而这些都会对施工区周围的居住环境造成一定的负面影响，施工区附近的居民健康也会因为环境的恶劣受到威胁，比如呼吸道和消化道疾病发病率会随着环境的破坏而上升。同时施工区生活环境简陋，人员复杂、流动性大，容易传播流行性传染病、地方病、自然疫源性疾病等，直接影响人群健康。

（六）生态影响

工程开采天然建筑材料、弃土弃渣、建设临时生产生活区和临时道路等，扰动地表、占压土地，损坏植被或农田，并加剧局部水土流失。涉水工程施工扰动破坏水生生态环境，如悬浮物增加、底质破坏，影响水生生物特别是浮游生物的正常生存。

三、水利工程运行期对环境的主要影响

水利工程建设对环境影响主要是水库拦河筑坝截断水生生物的洄游通道、淹没鱼类繁殖场所，对水生生物资源量和生物多样性造成较大影响；水库蓄水、调节引起上游和下游水文情势的变化，造成生态和水环境的改变；水库淹没和渠道大面积占用土地资源，造成耕地资源的减少，并同时产生大量非自愿移民搬迁，引发移民环境问题。河道建闸切断河道与湖泊、海洋之间的通道，隔断上游、下游水与生物的交换，使河口及浅海水生生态种群结构发生改变。

长期灌溉可能会引起土壤潜育化、次生盐碱化等土壤环境问题，灌溉工程建成后灌区农药、化肥使用量增加，污染土壤和地下水。

供水、调水、灌溉工程将原河道的水量大量引走用于灌溉、城镇供水或引至其他流域，造成原河道内径流量减少，引起河道生态系统萎缩、水环境质量下降等环境问题。

（一）生态

生态影响是水利工程的主要影响之一。对生态影响最突出的工程为水库建坝及其他拦河坝阻隔河流上下游通道，引起河流水文情势的较大变化，对生态影响范围广、程度大，尤其对水生生物影响最突出，有的甚至是不可逆影响。水利工程对生态的影响包括陆生生态影响和水生生态影响，主要表现在以下几方面。

1. 水生生态

（1）水库大坝切断了原有天然河道与湖泊、海洋之间的通道，影响洄游性鱼类上溯产卵繁殖和降海洄游。

（2）分布于水库区的产卵场被淹没，鱼类生存和繁殖环境遭到破坏，影响鱼类资源量和生物多样性。

（3）水库坝下流量减少、水流趋于均匀化，尤其是在鱼类产卵季节水库下泄水量形不成产卵所要求的水文条件，影响坝下产卵场规模与产卵质量。

（4）水库建成后坝上游水文条件由原来的河道转变为湖泊，水库水生生物种群结构发生变化。喜静水环境的鱼类将成为优势种群，而喜急流环境的鱼类便会减少甚至消失。

（5）水库采用底部泄水产生的低温水对坝下鱼类生长和繁殖造成影响。

（6）河道涵闸工程阻隔河流与湖泊、海洋连通通道，与水库筑坝作用类似，同样影响洄游性鱼类上溯产卵繁殖和降海洄游，影响半洄游性鱼类上溯产卵和返回湖内摄食。

（7）在污染较严重的河流上建闸，涵闸开、关期间上下游水质脉冲式变化对生态产生影响。涵闸关闭期间，大量污水皆拦在闸上游，下游水质较好；涵闸一旦开启，大量污水突然下泄往往对生态造成较大影响。

2. 陆生生态

（1）水库淹没和永久征地占用大面积土地资源，减少耕地资源和生物资源量。

（2）引水、灌溉、堤防工程属于线性工程，工程线路长，挖压占地面积大，对生态的

影响主要是清除植被造成生物量减少，占压耕地对农业生态造成影响。

（3）灌区新垦耕地将原有自然生态系统改变为人工生态系统，破坏原有生态系统，降低生物多样性。

（4）水库淹没和河道工程破坏或影响野生动物栖息地和繁殖地，对野生动物产生影响。

（5）在野生动物分布区，输水渠道的建设会对野生动物活动形成阻隔作用，缩小野生动物觅食及活动范围。

（二）水环境

水利工程虽然不直接产生污染物，但水文条件发生较大变化时，水环境也会随之受到影响。灌溉工程运行期灌区农药、化肥、植物生长激素使用量的增加会间接影响地表水与地下水水质。清淤工程污染底泥处置不当也会造成水质污染。水利工程对水环境影响包括对水质、水温影响，对水质影响又分为对地表水水质和地下水水质影响。

1. 水质

（1）水库工程建设减小下游河道流量，降低水环境容量，对水质产生影响；水库建设改变坝址上游水体稀释扩散能力，引起库区水质富营养化。

（2）灌溉工程运行期灌区农药、化肥、植物生长激素使用量增加，灌溉回归水挟带部分农药、化肥、植物生长激素进入地表受纳水体，对地表水水质产生污染；灌溉水渗漏对地下水水质产生污染。

（3）河道和湖泊治理、清淤工程扰动污染底泥及底泥处置可能对水质产生二次污染。

2. 水温

高坝、大型水库建设，水库内水温在垂向上可能产生分层结构，通常指从表层向下水温逐渐降低。水库从底部下泄低温水对河道生态和灌区农业生态会产生影响。

（三）局部气候

大、中型水库等水利工程的修建会对地区性气候产生一定的影响，其主要表现在气温、湿度、降雨量、风速风向等方面。一旦建成水库等工程，水库下垫面发生变化，其与大气间的能量交换方式和交换强度也随之发生变化，这便会导致局部气温发生改变，影响降雨的时间和空间分布。

（四）土壤环境和土地资源

（1）水库淹没、工程征地、移民安置占用大面积土地资源，使土地利用方式发生变化，涉及耕地的使耕地和基本农田受到损失。

（2）水利工程完成建设后，经常会改变沿岸水体的性状，一般会抬高水库周边区域水位，浸没该区域土地，直接改变了土壤性质，会造成土壤盐碱化和沼泽化。

（3）灌区开垦土层浅薄的土地，造成土壤侵蚀，会引起土地退化或土地沙化。

（4）对于污水作为灌溉水源的灌区，长期运行有引起土壤污染的可能。

（五）人口迁移和土地利用的影响

大型水利工程的兴建大多带来移民问题。由于工程建设打破了移民原有的生产体系、生活方式及地缘、血缘和亲属网络，使他们长期赖以生存的政治、经济、文化体系解体；

移民安置还造成安置地人口增加，以及资源、基础设施承载力增加等一系列问题。但不同的水利工程，移民问题的影响也是不同的。万家寨水利枢纽及引黄工程妥善安置了库区移民，改善了其生活条件和生存环境，提高了供水保证率，对人口迁移和土地利用产生了积极的影响；而塔河下游生态调水工程由于塔河下游人烟稀少，没有人口迁移问题。

（六）其他环境影响

水利工程建设除对生态、水环境、土壤环境等产生影响外，还可能对河道泥沙、河床形态、环境地质等环境要素产生影响。

第三节 建设项目环境影响评价

一、环境影响评价概述

目前我国建设项目环境影响评价体系已发展得较为完备，在环境保护和管理上得到了较为普遍的运用。建设项目环境影响评价文件是进行环境保护监理的基础和依据，作为环境保护监理工程师来讲，必须对建设项目环境影响评价有全面的了解和掌握。

水利工程环境影响评价是对修建水利工程引起环境质量变化所进行的分析、预测和评价。一项水利工程对环境的影响是多方面的，环境对工程也常产生影响。进行工程环境影响评价的目的，在于针对工程引起各方面环境的改变和环境变化对工程设计、运用、管理的制约和要求，研究提出使有利影响得到充分发挥、不利影响得到减免或补救的措施，并为选择工程方案提供依据。

（一）建设项目环境影响评价的主要特点

1. 环评是一种过程

在决策和开发活动开始前，体现出预防作用。建设活动开始后，通过实施环境监测和持续性研究，检验评价结论并及时发现问题，反馈给决策者和开发者，及时修正开发活动，采取更有效的环境保护措施。

2. 既是一项科学技术，也是一项制度

环境影响评价是正确认识经济、社会发展与环境保护之间相互关系的科学方法，是强化环境管理，使经济、社会发展符合国家总体利益和长远利益的有效手段，在确定经济发展方向和保护环境等一系列重大问题的决策上有重要作用。对一项工程项目而言，环境影响评价文件中提出的一系列环境保护措施则是技术。环境影响评价的科学方法和技术被法律规定为指导人们开发活动的必须行为，即称为环境影响评价制度。

3. 一门综合性很强的学科

由于在环境影响评价中面对的行业、工程类型、环境因子、环境类型、目的要求繁多，因此，环境影响评价中涉及自然科学、社会科学的许多方面，是一门综合性很强的学科。

4. 具有法律强制性

《环境保护法》、《中华人民共和国环境影响评价法》（简称《环境影响评价法》）、《建设项目环境保护管理条例》等现行法律法规中都规定建设项目必须执行环境影响评价制度，具有不可违背的强制性，项目需在可行性研究阶段或开工之前完成其环境影响评价文件的报批手续。经过批准的环境影响评价文件及生态环境行政主管部门的批复意见具有法律效力。《环境影响评价法》第二十六条规定：建设项目建设过程中，建设单位应当同时实施环境影响报告书（表）以及环境影响评价文件审批意见中提出的环境保护对策措施。

5. 公众参与的主要桥梁

《环境影响评价法》第二十一条规定："除国家规定需要保密的情形外，对环境可能造成重大影响、应当编制环境影响报告书的建设项目，建设单位应当在报批建设项目环境影响报告书前，举行论证会、听证会，或者采取其他形式，征求有关单位、专家和公众的意见。建设单位报批的环境影响报告书应当附具对有关单位、专家和公众的意见采纳或者不采纳的说明。"在我国环境影响评价中，公众参与基本上都能按环境影响评价法的规定和要求得到执行，在了解大众意见和要求、沟通大众和政府主管部门之间的关系中起到了重要的作用。目前，环境影响评价也是沟通大众的主要桥梁。

（二）建设项目环境影响评价的目的和作用

建设项目环境影响评价的目的：对建设项目或规划实施后可能造成的环境变化及对人类的影响进行系统的分析、研究和评估，提出减小这些影响的对策措施；明确开发建设者的环境责任及应采取的行动；为政府审批立项并提出环境保护要求提供技术依据；为工程设计提出优化建议、方案或要求；在保证工程建设的同时最大限度减少对环境的不利影响，保证经济社会与环境保护协调发展；保证建设部门和公众的合法权益，推进建设和谐社会。

建设项目环境影响评价文件服务于以下对象：

（1）服务于行业主管部门、生态环境主管部门、立项审批部门（发展和改革委员会、经济和信息化委员会等），为政府审批项目提供技术依据。

（2）服务于项目法人（建设单位），让项目法人全面了解该项目建设可能带来的环境问题，明确环保责任和义务，按要求进行环境保护管理。

（3）服务于工程设计部门，从环保角度优化设计方案，把可能造成的环境影响解决在摇篮中。

（4）服务于施工单位。施工单位必须执行环境影响评价文件中规定的保护措施，并承担相应的法律责任。

（5）服务于工程环境保护监理单位。环境保护监理单位应按照环境影响评价文件中规定的保护措施和要求进行监督检查，并承担相应的法律责任。

（6）服务于环境监测单位。环境监测单位应按照环境影响评价文件中制定的监测方案进行监测。

（7）服务于竣工环境保护验收监测或调查单位。环境影响评价文件是工程竣工环保验收的重要依据。

（8）服务于地方大众（包括社会团体）。环境影响评价文件反映公众的意见和要求，沟通大众和政府部门、建设单位之间的关系。

（9）服务于地方政府，环境影响评价文件是地方政府进行环境管理的重要依据。

二、建设项目环境影响评价文件的编制和审批

（一）建设项目环境影响评价文件的编制

1. 建设项目环境影响评价分类管理要求

（1）《环境影响评价法》。国家根据建设项目对环境的影响程度，对建设项目的环境影响评价实行分类管理。

建设单位应当按照下列规定组织编制环境影响报告书、环境影响报告表或者填报环境影响登记表（以下统称环境影响评价文件）：

1）可能造成重大环境影响的，应当编制环境影响报告书，对产生的环境影响进行全面评价。

2）可能造成轻度环境影响的，应当编制环境影响报告表，对产生的环境影响进行分析或者专项评价。

3）对环境影响很小、不需要进行环境影响评价的，应当填报环境影响登记表。

建设项目的环境影响评价分类管理名录，由国务院生态环境主管部门制定并公布。

（2）《建设项目环境影响评价分类管理名录》。各类项目在进行环境影响评价时，首先应按规定明确其所属行业类别，再根据有关规定，确定环境影响评价分类管理的级别及相应的环境影响评价文件类型。《建设项目环境影响评价分类管理名录》（2021 年版）将水利工程分为了水库、灌区、引水、防洪治涝、河湖整治、地下水开采等六大类，并对项目类别和报告书作了详细规定，下列项目均需要编制环境影响报告书，而其他类型需编制环境影响报告表或登记表。

1）水库工程：对水库库容 1000 万 m³ 及以上，涉及环境敏感区的。

2）灌区工程（不含水源工程的）：涉及环境敏感区的。

3）引水工程：跨流域调水；大中型河流引水；小型河流年总引水量占引水断面天然年径流量 1/4 及以上；涉及环境敏感区的（不含涉及饮用水水源保护区的水库配套引水工程）。

4）防洪治涝工程：新建大中型。

5）河湖整治工程（不含农村塘堰、水渠）：涉及环境敏感区的。

6）地下水开采工程（农村分散式家庭生活自用水井除外）：日取水量 1 万 m³ 及以上的；涉及环境敏感区的（不新增供水规模、不改变供水对象的改建工程除外）。

2. 水利工程环境影响评价过程

（1）工程设计内容调查。通过与建设单位、设计单位有关人员座谈及通过项目建议书、可行性研究报告，搞清楚拟建工程的地理位置、工程内容、工程规模、周围环境等情况。

（2）进行详细的环境现状调查收集。对周围的自然环境、社会环境进行详细调查记录。还要通过当地政府部门收集资料和了解情况。调查范围通常很广，一项大型水利工程，上下游往往涉及几个省、市（县），要分区域详细调查收集记录。

（3）进行环境质量现状监测。按照环境影响评价导则的要求，对工程拟建地的地表水、地下水、大气、噪声、土壤、生态等环境因子需要设点监测。监测数据作为环境背景值，以及工程环境影响的参照值。

（4）制定评价方案。确定拟采用的标准，确定评价重点、评价级别。

（5）根据有关法律法规、导则及标准，利用相应的科学技术手段及积累的知识、经验，分专业对环境影响进行预测、评价，编制环境影响报告书（表）。

（6）进行专家咨询和开展公众参与调查。

（7）就环境影响报告书（表）的内容，与行业主管部门、建设单位、设计单位及有关专家进行讨论，对报告（表）进行修改补充。

（8）将环境影响报告书（表）报有审批权的生态环境主管部门。

（二）建设项目环境影响评价文件的报审及批复

《环境影响评价法》第二十二条规定：建设项目的环境影响报告书、报告表，由建设单位按照国务院的规定报有审批权的生态环境主管部门审批。审批部门应当自收到环境影响报告书之日起六十日内，收到环境影响报告表之日起三十日内，分别作出审批决定并书面通知建设单位。国家对环境影响登记表实行备案管理。

《建设项目环境保护管理条例》第十二条规定：建设项目环境影响报告书、环境影响报告表经批准后，建设项目的性质、规模、地点、采用的生产工艺或者防治污染、防止生态破坏的措施发生重大变动的，建设单位应当重新报批建设项目环境影响报告书、环境影响报告表。

建设项目环境影响报告书、环境影响报告表自批准之日起满 5 年，建设项目方开工建设的，其环境影响报告书、环境影响报告表应当报原审批部门重新审核。原审批部门应当自收到建设项目环境影响报告书、环境影响报告表之日起 10 日内，将审核意见书面通知建设单位；逾期未通知的，视为审核同意。

（三）水利工程环境影响评价常用的导则与标准

本书内容引用了下列文件或其中的条款，凡不注年份的引用文件，其最新版本适用于本书。

1. 常用的导则及规定

（1）《建设项目环境影响评价技术导则 总纲》（HJ 2.1）。

（2）《环境影响评价技术导则 生态影响》（HJ 19）。

（3）《环境影响评价技术导则 地下水环境》（HJ 610）。

（4）《环境影响评价技术导则 声环境》（HJ 2.4）。

（5）《环境影响评价技术导则 大气环境》（HJ 2.2）。

（6）《环境影响评价技术导则 地表水环境》（HJ 2.3）。

（7）《环境影响评价技术导则 土壤环境（试行）》（HJ 964）。

（8）《环境影响评价技术导则 水利水电工程》（HJ/T 88）。

（9）当地政府有关建设项目环境影响管理规定。

2. 常用的标准

（1）环境空气质量标准。执行《环境空气质量标准》（GB 3095）及其修改单。水利工程施工主要的大气污染环节是施工扬尘、机械车辆废气、锅炉烟囱废气等，主要污染物有 TSP、PM_{10}、$PM_{2.5}$、SO_2、NO_2、CO 等，所引起的环境质量变化应限制在该标准限值以内。总悬浮物颗粒物（TSP）就是能悬浮在空气中，空气动力学当量直径小于等于 $100\mu m$ 的颗粒物；颗粒物（粒径小于等于 $10\mu m$）指环境空气中空气动力学当量直径小于等于 $10\mu m$ 的颗粒物，也称可吸入颗粒物；颗粒物（粒径小于等于 $2.5\mu m$）指环境空气中空气动力学当量直径小于等于 $2.5\mu m$ 的颗粒物，也称细颗粒物；铅指存在于总悬浮颗粒物中的铅及其化合物；苯并 ［a］芘指存在于颗粒物（粒径小于等于 $10\mu m$）中的苯并 ［a］芘；氟化物指以气态和颗粒态形式存在的无机氟化物。

（2）地表水环境质量标准。水利工程环境影响评价中地表水环境质量执行《地表水环境质量标准》（GB 3838）。

（3）声环境质量标准。《声环境质量标准》（GB 3096）规定了各类声环境功能区的环境噪声最高限值。《建筑施工场界环境噪声排放标准》（GB 12523）适用于周围有噪声敏感建筑物的建筑施工噪声排放的管理、评价及控制。市政、通信、交通、水利等其他类型的施工噪声排放可参照执行。

（4）土壤环境质量标准。《土壤环境质量 农用地土壤污染风险管控标准（试行）》（GB 15618），保护农用地土壤环境，管控农用地土壤污染风险，保障农产品质量安全、农作物正常生长和土壤生态环境，标准规定了农用地土壤污染风险筛选值和管制值，以及监测、实施与监督要求。《土壤环境质量 建设用地土壤污染风险管控标准（试行）》（GB 36600），加强建设用地土壤环境监管，管控污染地块对人体健康的风险，保障人居环境安全，标准规定了保护人体健康的建设用地土壤污染风险筛选值和管制值，以及监测、实施与监督要求。

水利工程经常有河湖清淤内容，清除的大量淤泥经过检测后可以确定如何处理。

（5）地下水质量标准。《地下水质量标准》（GB/T 14848）依据我国地下水质量状况和人体健康风险，参照生活饮用水、工业、农业等用水质量要求，依据各组分含量高低（pH 值除外），将地下水化学组分进行分类。

（6）大气污染物综合排放标准。水利工程的大气污染主要在施工期，表现在开挖、装卸、运输扬尘及机械车辆尾气排放，施工活动造成的大气环境质量（特别是对周围敏感点）变化不要超过相应功能区标准。这类大气污染源属于无组织排放。应执行《大气污染物综合排放标准》（GB 16297）中新污染源无组织排放标准。

（7）污水综合排放标准。在《污水综合排放标准》（GB 8978）中，按照污水排放去向，分年限规定了 69 种水污染物最高允许排放浓度及部分行业最高允许排水量。

三、环境影响报告书的基本内容

（一）建设项目

《环境影响评价法》第十七条和《建设项目环境保护管理条例》第八条规定，建设项目的环境影响报告书应包括下列内容：

（1）建设项目概况。

（2）建设项目周围环境现状。

（3）建设项目对环境可能造成影响的分析和预测。

（4）环境保护措施及其经济、技术论证。

（5）环境影响的经济损益分析。

（6）对建设项目实施环境监测的建议。

（7）环境影响评价的结论。

（二）水利工程

按照《环境影响评价技术导则 水利水电工程》（HJ/T 88—2003）要求，水利工程环境影响报告书一般包括如下章节：

（1）总则。

（2）工程概况。

（3）工程分析。

（4）环境现状。

（5）环境影响预测和评价。

（6）环境保护措施。

（7）环境监测与管理。

（8）环境保护投资估算与环境影响经济损益分析。

（9）环境风险分析。

（10）公众参与。

（11）环境影响评价结论。

四、环境影响评价中应特别关注的敏感区

（一）环境敏感区的定义

根据《建设项目环境影响评价分类管理名录》（2021年版）规定，环境敏感区是指依法设立的各级各类保护区域和对建设项目产生的环境影响特别敏感的区域，主要包括下列区域：

（1）国家公园、自然保护区、风景名胜区、世界文化和自然遗产地、海洋特别保护区、饮用水水源保护区。

（2）除（1）外的生态保护红线管控范围，永久基本农田、基本草原、自然公园（森林公园、地质公园、海洋公园等）、重要湿地、天然林，重点保护野生动物栖息地，重点保护野生植物生长繁殖地，重要水生生物的自然产卵场、索饵场、越冬场和洄游通道，天然渔场、水土流失重点预防区和重点治理区、沙化土地封禁保护区、封闭及半封闭海域。

（3）以居住、医疗卫生、文化教育、科研、行政办公为主要功能的区域，以及文物保护单位。

环境影响报告书、环境影响报告表应当就建设项目对环境敏感区的影响做重点分析。

环境敏感区对人类通常具有特殊或重要价值（如环境价值、遗传价值、生态价值、美学价值、经济价值等），在拥有现代化、大规模化、快速化建设能力的人类面前，很容易

遭受破坏，且往往难以恢复。比如湿地、滩涂、天然林等是生物多样性丰富的生态系统，具有重要的生态、社会和经济价值，对人类的生存和区域的可持续发展至关重要；文教区、党政机关集中的办公地点等社会关注区一般对环境质量要求较高，对噪声、大气污染等很敏感，需要重点保护。《建设项目环境影响评价分类管理名录》（2021年版）中设置环境敏感区的目的就是要求项目建设过程中重视对这些敏感脆弱区域的保护，避免或最大程度地减少破坏和影响。我国各类法律法规中对这些敏感区也有更为详细的保护规定，包括禁止建设、限制建设、替代措施、缓解影响措施、其他保护措施等强制性规定。因此，在环境影响评价中，环境敏感区通常都是评价重点和重要的保护目标，需给予高度关注。一般而言，处于环境敏感区的建设项目，环境影响评价级别往往较高，要求的评价程度更为深入、细致，保护措施更为严格。

（二）水利工程中常见的环境敏感区及其保护规定

水利工程涉及的地域范围一般很大，因此，经常会遇到不同类型的环境敏感区，常见的主要有饮用水水源保护区、自然保护区、风景名胜区、基本农田保护区、文物古迹、天然林及珍稀动植物栖息地、社会关注区等。以下以这些敏感区为例，对其保护规定及应注意的主要保护事项作简要介绍。

1. 饮用水水源保护区

水质清洁的河流、水库、湖泊往往都是附近城镇、企业的水源地，岸边设有取水口，比如长江、松花江沿岸大城市都设有很多取水口，密云水库、于桥水库分别是北京市、天津市的水源地。在取水口的上游或附近施工，很可能会扰动水体，影响取水水质，此外施工产生的废水、垃圾也可能影响取水水质。还有山前倾斜平原的深槽开挖很有可能会影响下游农村水井的地下水补给等。

《中华人民共和国水污染防治法》及其实施细则，饮用水水源保护区管理条例等，对饮用水水源保护区的生产建设和排污行为等都作了严格限制。因此水利工程建设涉及水源保护区的，应注意上述法律法规的规定。施工废水、营地生活污水等禁止排入地表水饮用水源保护区一级区，需要排入其他级别区域的，应采取处理措施，保证废水排放满足相应水质标准。施工涉及水井时，应尽量避免挖占，必须挖占时，应做好替代措施，并注意保护附近水井水质，防治污染。工程涉及地下水时，应注意避免对附近村庄用水的影响。

2. 自然保护区和风景名胜区

在一些人烟稀少、森林植被茂密、水流清澈、物种丰富、景色美丽的山区，多被中央及地方各级政府划定为自然保护区。比如众所周知的长白山自然保护区，云南省西双版纳自然保护区，四川省卧龙和王朗等熊猫自然保护区，四川省九寨沟、太行山猕猴自然保护区等；在大江、大河、大湖沿岸及沿海滩涂，由于水量丰沛，水草茂盛，两栖类动物较多，往往会吸引种类繁多的候鸟栖息，这些地方大部分都被划为湿地自然保护区。水利工程建设涉及自然保护区的概率很高，一些大江大河的整治工程几乎都涉及湿地自然保护区。

风景名胜区通常是集自然景观、人文景观、历史文化于一体的地方，主要是用于旅游观光，比如，颐和园、长城、泰山、黄山、五台山等。由于著名的风景名胜区历史悠久，开发较早，现在的水利工程建设涉及风景名胜区的情况相对少一些。

自然保护区可以分为核心区、缓冲区和实验区。根据《中华人民共和国自然保护区条例》第十八条规定，自然保护区内保存完好的天然状态的生态系统以及珍稀、濒危动植物的集中分布地，应当划为核心区，除依照本条例第二十七条的规定（因科学研究的需要，必须进入核心区从事科学研究观测、调查活动的，应当事先向自然保护区管理机构提交申请和活动计划，并经自然保护区管理机构批准；其中，进入国家级自然保护区核心区的，应当经省、自治区、直辖市人民政府有关自然保护区行政主管部门批准）经批准外，禁止任何单位和个人进入，也不允许进入从事科学研究活动。

核心区外围可以划定一定面积的缓冲区，只准进入从事科学研究观测活动。

缓冲区外围划为实验区，可以进入从事科学试验、教学实习、参观考察、旅游以及驯化、繁殖珍稀、濒危野生动植物等活动。

原批准建立自然保护区的人民政府认为必要时，可以在自然保护区的外围划定一定面积的外围保护地带。

《风景名胜区条例》第三十条规定，风景名胜区内的建设项目应当符合风景名胜区规划，并与景观相协调，不得破坏景观、污染环境、妨碍游览。在风景名胜区内进行建设活动的，建设单位、施工单位应当制定污染防治和水土保持方案，并采取有效措施，保护好周围景物、水体、林草植被、野生动物资源和地形地貌。

3. 基本农田保护区

除了城市内的水利工程，农村地带的水利工程几乎都会涉及基本农田的占用问题，工程在淹没、挖占、施工等过程中往往会永久或临时占用一些农田或基本农田。因为土地是不可再生资源，合理利用土地及保护耕地是我国的基本国策，因此，工程占地问题也是环境影响评价中高度关注的问题。根据国家《中华人民共和国土地管理法》（简称《土地管理法》）及《中华人民共和国基本农田保护条例》（简称《基本农田保护条例》）的规定，工程选址首先要本着尽量少占农田尤其是基本农田的原则，必须占用基本农田时，则应取得相应的行政许可。施工营地、道路、加工厂这些选址灵活的临时辅助建设应尽量不占或少占国家基本农田保护区。施工中应采取严格的措施保护上地，减少不利影，包括：严格控制扰动范围；开挖表层土单独收集堆放，完工后回用；占地补偿；施工结束后的复耕；临时占地尽量选在秋收以后或冬季等，以减少对农作物的破坏。

4. 文物古迹

大型水利工程建设中经常遇到文物古迹，比如，三峡水库淹没区就有丰都鬼城、白帝城、张飞庙等重要文物古迹，还有古文化遗址、古墓葬、古建筑、石窟寺、石刻、壁画等。工程建设涉及文物古迹的，应按照《中华人民共和国文物保护法》规定办理相关的行政手续，并采取保护措施。工程建设应首先尽量避开文物，因特殊需要必须在文物保护单位范围内建设的，须获得政府及上级文物行政主管部门的批准和同意。对文物应尽量实施原址保护，须迁移或拆除的应报政府批准，而全国重点文物保护单位不得拆除。此外，施工单位在施工中如意外挖到古墓葬等文物古迹，不能擅自处理，应按照国家的有关保护文物的法律，对现场进行保护，及时与文物管理部门沟通联系，进行妥善处理，处理后方可施工，避免因处理不当造成麻烦。

5. 天然林、珍稀动植物栖息地

一些山区大型水库工程，通常淹没面积很大，少则数十平方公里，多则上百平方公里。淹没区内常遇到密集的天然林区，林内不乏珍稀动植物。环境影响评价中对这些天然林的保护也十分重视。根据《中华人民共和国森林法》（简称《森林法》）规定，各项建设应不占或少占林地，必须占用或征用林地的，须经主管部门同意，并办理相关手续，缴纳森林植被恢复费。而名胜古迹和革命纪念地的林木、自然保护区的森林，严禁采伐。水利工程建设涉及森林，尤其是天然林、珍稀动植物栖息地等环境敏感区的，应格外重视，首先本着选址规避的原则，无法避开的，应办理手续，征得行政许可，并采取严格的保护措施。主要的保护措施与自然保护区内的保护措施较为相似，主要是避免对动植物的干扰及对其栖息地的破坏。

《中华人民共和国野生动物保护法》（简称《野生动物保护法》）第十三条规定，县级以上人民政府及其有关部门在编制有关开发利用规划时，应当充分考虑野生动物及其栖息地保护的需要，分析、预测和评估规划实施可能对野生动物及其栖息地保护产生的整体影响，避免或者减少规划实施可能造成的不利后果。

禁止在相关自然保护区域建设法律法规规定不得建设的项目。机场、铁路、公路、水利水电、围堰、围填海等建设项目的选址选线，应当避让相关自然保护区域、野生动物迁徙洄游通道；无法避让的，应当采取修建野生动物通道、过鱼设施等措施，消除或者减少对野生动物的不利影响。

建设项目可能对相关自然保护区域、野生动物迁徙洄游通道产生影响的，环境影响评价文件的审批部门在审批环境影响评价文件时，涉及国家重点保护野生动物的，应当征求国务院野生动物保护主管部门意见；涉及地方重点保护野生动物的，应当征求省、自治区、直辖市人民政府野生动物保护主管部门意见。

6. 社会关注区

水库项目常涉及山区的农村、城镇、疗养地等；引调水项目建设往往会穿越城镇，遇到各类文教、医院、党政机关、军事单位等敏感保护目标；城市河湖治理工程则整个都在市内施工，人口密集、交通拥挤，学校、医院、机关单位、居民区众多。由于这些社会关注区一般对环境质量要求较高，施工容易对居民生活环境造成影响，易引发社会矛盾，环境影响评价中也要特别关注。任何工程建设都要以人为本，坚持建设和谐社会的理念，坚持严格细致的环境保护措施。项目建设对此类敏感区的关注主要是减少污染排放、减少扬尘、减小噪声扰民、减少对居民出行的影响，保护其生活生产环境。主要的保护事项有：减少拆迁占地，如必须搬迁应做好补偿和安置措施；避免噪声干扰，减少废气、废水污染；减少交通、景观影响等，一般说来，在大城市，市政府环境保护部门、城市建设部门对施工的环保问题都有明确的规定，包括施工批准程序及具体环保措施，应搞清楚当地有哪些规定，应办理哪些手续，减少施工扰民，也避免因居民投诉而造成麻烦，保证工程顺利实施。

第四节 环 境 保 护 设 计

一、环境保护设计概述

为了更好地执行防治污染及其他公害的设施与主体工程同时设计、同时施工、同时投产使用的"三同时"制度，进一步加强环境保护设计管理，要求在项目建设的各个阶段均要落实环境保护设计，即环境保护设计贯穿于建设项目设计程序的各阶段。

项目建议书编制环境影响评价篇章，根据建设项目的性质、规模、建设地区的环境现状等资料，对项目建设过程中和运行期可能对环境造成的影响进行分析，并初步提出预防或减缓不良影响的对策与措施，提出总体评价结论，明确是否存在工程建设的重大环境制约因素。

可行性研究阶段或开工建设前应编制建设项目的环境影响报告书（表），对项目产生的污染和对环境的影响作出预测与评价，确定项目施工期间和运行期的污染源和污染物，提出防治污染和生态保护措施的方案设计，并拟订环境监测计划。

初步设计阶段具体落实经批准的环境影响报告书（表）及其审批意见所确定的各项环境保护措施，在进一步调查研究的基础上，按照与主体工程初步设计相同的设计深度要求深化环境保护措施设计。主要设计内容为施工期产生的污染物如废水、废气、固体废物和噪声防治措施设计以及对人群健康、生态的保护措施设计；运行期主要包括水环境保护设计、生态保护和恢复措施设计、土壤环境保护设计、景观和文物保护措施设计、人群健康保护措施设计等；进一步深化环境监测方案设计。

施工图设计阶段，深化初步设计中确定的各项环境保护设计，与主体工程施工图设计同时期、同深度进行。

二、水利工程环境保护设计主要内容和设计成果

这里主要介绍初步设计阶段的环境保护设计。工程的初步设计报告书须编制环境保护设计篇章，具体落实环境影响报告书（表）及其审批意见所确定的各项环境保护措施。包括施工期环境保护措施设计、环境监测设计以及运行期环境保护措施设计、环境监测设计和环境保护投资概算。

施工期主要设计内容为废水、废气、固体废物和噪声治理措施设计以及对水环境保护、生态保护、人群健康保护措施设计；运行期主要设计内容包括水环境保护、生态环境保护、土壤环境保护、移民安置环境保护、景观和文物保护、人群健康保护措施设计等；进一步深化环境监测方案设计；提出环境保护概算投资等。

设计成果包括环境保护设计文字篇章、环境保护工程布置图、各类环境保护措施设计图、环境监测断面布置图等。

（一）设计依据

环境保护设计的依据包括法律法规、规程规范、环境影响报告书（表）和审批意见以

及主体工程可研报告和批复文件、初步设计报告等。其中环境影响报告书（表）及审批意见是环境保护设计的主要依据。

（二）环境保护标准

环境保护标准主要包括环境质量标准和污染物排放标准。一般在编制环境影响报告书（表）时，环境保护标准可由当地生态环境主管部门予以确认或根据环境功能区划确认。

（三）环境保护目标

环境保护设计必须符合环境保护目标，环境保护设计主要针对环境保护目标制定。

环境保护目标包括环境与生态功能目标和敏感目标。

环境与生态功能目标包括水功能、生态系统功能、土地利用功能、噪声功能、大气功能目标等。环境与生态功能目标一般由国家或地方政府划定的各种规划及功能区确定。例如工程所在河段的水环境保护目标根据相应河段的水功能区划、水环境功能区划、水资源保护规划的要求确定；生态功能保护目标根据生态功能区划、生态保护规划和生态保护红线确定；大气环境、声环境等也应根据规划的环境目标确定。

环境敏感目标包括需要特殊保护的区域、生态敏感与脆弱区和社会关心区域等。环境敏感目标主要包括以下区域：饮用水水源保护区、风景名胜区、自然保护区，森林公园、重点保护文物、重要湿地、学校、医院等。

（四）设计深度

环境保护设计深度原则上应与主体工程设计深度一致，达到初步设计深度要求，为施工图设计提供依据。

具体设计深度应达到明确环保工程建设部位、工程规模、工程设施及布置、工艺流程、环境保护设施设计参数、药剂类型及设备选型，提出各部分工程量、工程布置图和相关设计图。

环境监测设计应明确监测断面、监测点、监测因子、监测时间、监测频次，绘制监测断面、监测点布置图。

（五）设计内容

环境保护设计应贯彻生态优先、绿色发展的理念，遵循技术可行、经济合理、安全可靠、有效保护及改善生态环境的原则。施工期选用废气、废水、噪声、固体废物等排放量小的先进的生产工艺和设备，利用清洁燃料和能源，进行清洁生产，减少污染物排放量。

环境保护设计包括施工期环境保护设计和运行期环境保护设计。

1. 施工期环境保护设计

施工期环境保护设计按环境要素和环境因子分类进行设计。施工期一般包括生产废水、生活污水处理措施设计，大气环境保护措施设计，噪声控制措施设计，生活垃圾处置措施设计，人群健康保护措施设计等。

分类措施设计方案根据工程类别、污水排放口设置、污水排放量施工组织设计，以及水环境、生态、噪声和扬尘等环境敏感目标进行设计。

（1）生产废水。

1）砂石料冲洗废水含泥量不大时，一般采用一级或两级简易沉淀处理。沉淀池应保证有足够沉淀时间，其尺寸设计应根据沉沙池设计规范进行设计。处理后的废水循环利用。沉淀池的选型可根据废水排放量和场地大小确定。

对于水质要求严格，废水中泥沙含量大、颗粒很细，经二级沉淀处理仍不能达标排放的，可添加一定量的絮凝剂进行处理，也可采用成套处理设施处理。

干化后的泥渣应收集、转运至堆存场地，有条件时可综合利用。

2）混凝土拌和、养护废水一般采用简易平流式或竖流式沉淀池处理，对碱性废水添加酸性物质中和。沉淀池应定时清理，泥浆可采用自然干化或集中处理。

3）机械设备维修、保养、冲洗产生的含油废水一般采用沉淀池和油水分离装置进行处理。油水分离装置可采用专用的油水分离设备，也可采用调节沉淀隔油池。油水分离装置的选型根据含油废水产生量和油污的产生量确定，并定期对油污进行回收，对沉淀池进行清淤。隔油池设计可参照《小型排水构筑物》（图集号 04S519）设计。

4）基坑开挖、隧洞开挖等施工现场产生的含泥废水一般采用沉淀处理措施，沉淀池的容积根据沉沙池设计规范进行设计。

基坑排水混合有混凝土养护水时，沉沙池中加酸中和后排放。

设计中应给出沉淀池设计参数、药剂名称、工程量。沉淀池应定期清理，清理出的泥沙、碱性沉淀物等集中处理。

（2）生活污水。生活污水处理措施设计应根据生活污水排放量、排放去向以及污水受纳水体的水环境保护目标确定。一般污水排放量小，直接排向农田或受纳水体水质要求不高时，可只采用化粪池处理，采用双格或三格化粪池。

化粪池有效容积根据每人每日污水量和污泥量及污泥清挖周期确定，其容积按污水停留 24h 设计，清挖底泥进行集中处理。

当施工营地人数多或污水受纳水体敏感，生活污水经化粪池处理后达不到污水排放标准时，采用生活污水生物处理设施进行二级处理。水利工程施工常用的污水处理设备有地埋式微动力污水处理系统、一体化污水处理设备等。设置的污水处理设备的处理能力和类型根据生活污水的产生强度和接纳水体的水域功能确定。

生活污水处理设施前应设置调节池，调节池的有效容应经计算确定，也可取 4~6h 的平均小时污水流量。

为截留食堂和饮食污水中的食用油脂，污水处理设备前设置隔油井或隔油池。

（3）废气。

1）应选择排放污染物质达到国家规定排放标准的机械设备，对施工现场的运输车辆可安装催化净化器。

2）砂石料和土石方开挖采用湿法作业，减少施工作业粉尘。

3）扬尘量大的施工道路应提高路面质量，并加强养护，从根本上抑制扬尘。

施工临时道路和对外交通道路应采取洒水降尘措施，提出需要的洒水设备数量和工作台时。对于施工期较短的水利水电工程，宜租用洒水设备。

4）食堂或热水锅炉应采用石油液化气等清洁燃料，减少废气排放量。采用原煤作为燃料的锅炉安装除尘装置，净化烟气，降低污染。

（4）噪声控制。

1）选用低噪声设备并对噪声级提出控制要求，交通车辆宜装消声设备。

2）对砂石料筛分装置、拌和楼等高噪声设备设置隔声减噪装置。

3）对学校、医院、机关、居民区等噪声敏感区，应在施工场界或噪声接受地点设置隔声设施，明确隔声设施建设用材、高度、长度和工程量。隔声设施设计参数应根据噪声衰减量、隔声设施与声源及接受点三者之间的相对位置、地面因素等进行设计。

采取降噪措施仍不能达到噪声控制标准要求时，可临时搬迁强影响区的噪声敏感目标。

对受影响的居民也可采取经济补偿措施。设计中应明确受补偿居民村庄、居民户数量，补偿标准参照当地有关部门的规定或现行普遍采用的标准。

4）工程爆破应采用低噪声爆破工艺，并避免午休时间和夜间爆破。

5）加强环境管理和监理，禁止夜间施工，施工时间安排根据当地政府有关规定确定或参考当地多数居民作息时间确定。

6）对施工现场人员配备个人防护设备，明确个人防护设备的名称、材料、数量、防护效果等。

（5）生活垃圾。

1）施工期生活垃圾应当采取卫生填埋场方式处置时，应进行卫生填埋场选址的比选，填埋场址应远离饮用水源地、居民区等需要特殊保护的敏感区域。填埋场按《生活垃圾填埋场污染控制标准》（GB 16889）和《生活垃圾卫生填埋技术规范》（CJJ 17）的技术要求选址和设计。设计中明确垃圾填埋场的位置、容积、结构、工程量等，并绘制设计图。

2）当施工场地离城、镇较近时宜运输至当地已有卫生填埋场处置。明确垃圾产生量。

（6）人群健康。

1）对施工期的生活用水水源水质根据《生活饮用水卫生标准》（GB 5749）、《地下水环境监测技术规范》（HJ 164）对水源水质进行定期监测。

2）施工区每年开展灭鼠、灭蚊、灭蝇等活动。灭鼠、灭蚊、灭蝇等活动应根据鼠及蚊蝇的活动、繁殖特点，选择其繁殖期前进行。灭鼠、灭蚊、灭蝇的药物选择要符合国家有关规定。

环境保护设计应明确鼠、蚊、蝇灭杀时间、灭杀范围、采取灭杀方式等，提出具体的工作内容、工作量、药剂或设施数量、监测计划等。

3）施工人员的卫生防疫应针对施工人员健康影响较大的自然疫源性疾病、介水传染病、虫媒传染病和地方病等选择确定。一般疫情调查及检疫应在施工初期和高峰期进行，选择施工人员相应人数的10％～20％抽检。环境设计要明确抽检的比例、人数、抽检时间等。

4）在钉螺分布地区施工，采取控制或防治钉螺扩散措施。施工人员进场前在施工营地及其周围一定范围内实施杀螺灭螺措施，为施工人员提供预防血吸虫病的内服药与外敷药，预备接触疫水人员的防护服等。环境保护设计应明确疫区具体范围、疫情程度、可能接触疫水人员的人数、灭螺面积、所用药物名称、防护服数量等。

5）施工区应配备医疗卫生机构方便施工人员就医。工程区设置的简易医疗卫生机构在医疗、预防、保健等活动中产生的感染性、毒性废物以及其他危险、有毒、有害的废物处置应按有关规定执行。

2．运行期环境保护设计

运行期主要对水环境、生态、土壤环境和移民安置区环境进行保护措施设计。

（1）水环境。

1）供水水质保护是水利工程水环境保护的重点工作之一。包括水源地保护、引水口水质保护、输水线路水质保护等。主要保护措施有划定水源保护区，对水源保护区提出隔离防护、点源治理、面源治理、生态修复及管理等措施，并由政府制定相关保护管理条例。

与输水建筑物交叉的河、渠，采取立交方式，避免其他地表水污染供水水质。

环境保护设计应提出各类保护措施设计方案。

2）水库管理单位的生活污水经化粪池和一体化污水处理设施处理，生产废水经沉淀处理达标后再排入水源地下游水体。

3）水库按规定下泄生态和环境用水，满足运行期下游水功能对水量和水质的要求。生态和环境用水应首先执行工程所在流域综合规划、水资源保护规划等规划要求，如没有相关规划，需要根据下游水功能目标，经计算确定。

跨流域调水工程，可能造成引水区下游河道流量大幅度减小，下游河道水环境容量减小不能满足水功能目标要求时，应提出对排入下游河道污染物的削减措施要求。

下泄生态与环境水量，应明确下泄口门位置、水量下泄方式等，提出下泄设施和需要的附属设施的设计。包括泄流建筑物的位置、布置、形式、规模、工程量等。

4）灌区回归水对受纳水体水质和地下水水质有影响时，应根据受纳水体的环境容量提出面污染源控制措施，如农药、化肥、植物生长素使用量等。在有条件地区，可以结合地形情况，选择合适的承泄区，避免回归水进入河道污染河水水质。

5）当水利工程距离河口较近，工程运行造成河口河段盐水上溯时，提出水库合理调度压咸补淡措施设计。

（2）生态。

1）兴建水利工程，当珍稀、濒危、特有植物、古树名木和生存或生境受到破坏时，应根据影响程度，提出工程防护、移栽、引种繁殖栽培、保存物种种质、建立植物种子库等措施设计。提出工程保护对象、防护标准、工程位置、规模及布置形式、工程量等。明确移栽的种类、数量、位置、生物特性、立地条件、工程量及栽培管理。

2）水利工程建设，使珍稀、濒危和有重要经济价值的野生动物栖息地、繁殖地、迁移通道等环境条件发生改变，提出保护或新建迁移通道、新栖息地和新繁殖地措施设计。具体应明确保护对象、迁移路线、新栖息地位置、数量、工程规模等。

3）影响珍稀、濒危、其他特有物种以及有科研学术价值的水生生物的产卵场、索饵场、越冬场，或阻碍洄游鱼类通道时，提出设置过鱼设施，人工增殖、放流、种质库保护等措施设计。明确水生生物保护种类、工程建设对其影响方式、设置过鱼设施形式、人工增殖站选址、工程布置、设计标准、规模、工程量等。

4）优化水库调度方式，在鱼类产卵期模拟天然水流形成产卵需要的水文条件，保护下游鱼类产卵场。

5）水库下泄低温水对下游鱼类、农作物产生影响时，采取表层取水、泄水措施，或提出增温措施。提出表层取水、增温设施的建筑物形式、工程布置、设计标准、规模、工程量等。

6）列入国家和地方政府批准的湿地保护名录中的沼泽湿地、湖泊湿地、河流湿地、浅海和滩涂湿地等受到不利影响时，应提出湿地保护与恢复措施设计。当湿地保护需要采用工程措施时，应确定工程建筑物形式、工程布置、规模、设计流量、主要技术指标及工程量等。

7）按有关规定，结合河流生态特性，计算生态基流量和特殊用水量，将其纳入工程规模和调度方案中，并布设生态用水下泄设施。

（3）土壤环境。

1）水库浸没和渠道渗漏抬高地下水位对土壤环境产生影响时，应提出水库防渗、工程防护或排水措施设计和渠道衬砌防渗措施设计。

2）灌区灌溉引起次生土壤潜育化、次生盐碱化和沼泽化，应进行灌渠防渗、排水措施设计。确定防渗工程种类和衬砌的材料，提出截渗排水沟的形式、规模、排水沟的间距等主要技术指标及工程量。

3）提出调整土地利用方式、改变作物布局与耕作方式，合理确定灌溉定额等综合措施设计。

4）提出渠灌与井灌相结合的灌溉方式，确定井位布设的密度、井灌的时间、取水量等。

（4）移民安置区环境。

1）移民安置环境保护主要从环境保护角度对移民安置活动提出限制或要求。对环境污染或生态破坏，提出环境保护措施设计。

2）农村移民安置区的生活污水处理可根据当地条件，采用沼气池等措施。

3）迁建的集镇、城镇宜采用雨、污分流制的排水系统。

迁建的集镇、城镇污水处理可采用污水净化沼气池处理或成套设备处理。

迁建的集镇、城镇可建立生活垃圾处理场或利用其他现有垃圾场处理生活垃圾。新建生活垃圾处理场，应提出场地选择、处理方式、处理规模等。

3. 环境监测设计

（1）施工期环境监测。

1）施工期环境监测主要对施工所涉及河水水质、生产和生活废水、环境空气、噪声等环境要素提出监测方案设计。

2）废水排放量较大或水环境较敏感时，河水水质监测一般应设置背景断面、控制断面和消减断面；废水排放量小或水环境不敏感时，可只设置控制断面。

对废水监测，一般在生产、生活废水处理设施排放出口设置监测点。

3）环境空气质量、噪声监测，重点针对敏感目标，并选择有代表性的目标布设监测点。

（2）运行期环境监测。

1）运行期环境监测主要对工程涉及地表水、生态、土壤、地下水等环境要素提出监测方案设计。

2）监测方案设计应明确监测断面、监测点、监测时间、监测频次、监测因子等，编制监测方案计划，绘制监测断面及监测点布置图。

4. 环境保护投资概算

（1）环境保护投资概算可按照《水利水电工程环境保护概估算编制规程》（SL 359）的有关规定进行编制。

（2）环境保护投资概算应说明采用的费用标准和定额的编制依据，根据环境保护设计提出的工程量、措施量及费用标准，计算环境保护总投资并提出分年度投资安排。

（3）环境保护投资概算文件内容包括编制说明、概算表和概算附件。

（4）环境保护投资概算项目划分为五部分：第一部分环境保护措施；第二部分环境监测措施；第三部分环境保护仪器设备及安装；第四部分环境保护临时措施；第五部分环境保护独立费用。

第五节　建设项目竣工环境保护验收

根据我国建设项目环境管理要求，在工程正式投入运行前，需要进行建设项目竣工环境保护验收。从建设项目前期工作阶段的环境影响评价文件的审批，到中间阶段的设计和建设，直到竣工环境保护验收，就构成了建设项目的全过程环境管理。

为贯彻落实新修改的《建设项目环境保护管理条例》，规范建设项目竣工后建设单位自主开展环境保护验收的程序和标准，生态环境保护部制定了《建设项目竣工环境保护验收暂行办法》（国环规环评〔2017〕4号），该办法明确了验收的依据、主体责任、程序、内容及事中事后监督检查的内容方法等。

一、建设项目竣工环境保护验收的责任主体

建设单位是建设项目竣工环境保护验收的责任主体。建设单位应当按照《建设项目竣工环境保护验收暂行办法》规定的程序和标准，组织对配套建设的环境保护设施进行验收，编制验收报告，公开相关信息，接受社会监督，确保建设项目需要配套建设的环境保护设施与主体工程同时投产或者使用，并对验收内容、结论和所公开信息的真实性、准确性和完整性负责，不得在验收过程中弄虚作假。

二、建设项目竣工环境保护验收的程序和内容

（1）建设项目竣工后，建设单位应当如实查验、监测、记载建设项目环境保护设施的

建设和调试情况，编制验收监测（调查）报告。

（2）需要对建设项目配套建设的环境保护设施进行调试的，建设单位应当确保调试期间污染物排放符合国家和地方有关污染物排放标准和排污许可等相关管理规定。

（3）验收监测（调查）报告编制完成后，建设单位应当根据验收监测（调查）报告结论，逐一检查是否存在《建设项目竣工环境保护验收暂行办法》第八条所列验收不合格的情形。存在问题的，建设单位应当进行整改，整改完成后方可提出验收意见。

（4）建设项目环境保护设施存在《建设项目竣工环境保护验收暂行办法》第八条所列验收不合格的情形之一的，建设单位不得提出验收合格的意见。

（5）除按照国家需要保密的情形外，建设单位应当通过其网站或其他便于公众知晓的方式，向社会公开下列信息：

1）建设项目配套建设的环境保护设施竣工后，公开竣工日期。

2）对建设项目配套建设的环境保护设施进行调试前，公开调试的起止日期。

3）验收报告编制完成后 5 个工作日内，公开验收报告，公示期限不得少于 20 个工作日。

建设单位公开上述信息的同时，应当向所在地县级以上环境保护主管部门报送相关信息，并接受监督检查。

（6）除需要取得排污许可证的水和大气污染防治设施外，其他环境保护设施的验收期限一般不超过 3 个月；需要对该类环境保护设施进行调试或者整改的，验收期限可以适当延期，但最长不超过 12 个月。

验收期限是指自建设项目环境保护设施竣工之日起至建设单位向社会公开验收报告之日止的时间。

（7）验收报告公示期满后 5 个工作日内，建设单位应当登录全国建设项目竣工环境保护验收信息平台，填报建设项目基本信息、环境保护设施验收情况等相关信息，环境保护主管部门对上述信息予以公开。

建设单位应当将验收报告以及其他档案资料存档备查。

（8）纳入排污许可管理的建设项目，排污单位应当在项目产生实际污染物排放之前，按照国家排污许可有关管理规定要求，申请排污许可证，不得无证排污或不按证排污。建设项目验收报告中与污染物排放相关的主要内容应当纳入该项目验收完成当年排污许可证执行年报。

三、监督检查

（1）各级生态环境主管部门应当按照《建设项目环境保护事中事后监督管理办法（试行）》等规定，通过"双随机一公开"抽查制度，强化建设项目环境保护事中事后监督管理。要充分依托建设项目竣工环境保护验收信息平台，采取随机抽取检查对象和随机选派执法检查人员的方式，同时结合重点建设项目定点检查，对建设项目环境保护设施"三同时"落实情况、竣工验收等情况进行监督性检查，监督结果向社会公开。

（2）需要配套建设的环境保护设施未建成、未经验收或者经验收不合格，建设项目已投入生产或者使用的，或者在验收中弄虚作假的，或者建设单位未依法向社会公开验收报告的，县级以上生态环境主管部门应当依照《建设项目环境保护管理条例》的规定予以处罚，并将建设项目有关环境违法信息及时记入诚信档案，及时向社会公开违法者名单。

（3）相关地方政府或者政府部门承诺负责实施的环境保护对策措施未按时完成的，生态环境主管部门可以依照法律法规和有关规定采取约谈、综合督查等方式督促相关政府或者政府部门抓紧实施。

四、水利工程建设项目竣工环境保护验收范围

验收调查范围原则上与环境影响评价文件的评价范围一致；当工程实际建设内容发生变更或环境影响评价文件未能全面反映出项目建设的实际生态影响或其他环境影响时，应根据工程实际变更和实际环境影响情况，结合现场踏勘对调查范围进行适当调整。

水利工程建设项目竣工环境保护验收范围如下：

（1）与水利工程项目有关的各项环境保护设施，包括为防治污染和环境保护所建成或配备的工程、设备、装置和监测手段，各项生态保护措施。

例如：工程管理机构及重点移民安置点的污水处理设施、垃圾处理设施、烟气净化设施；城市河湖治理工程的污水截流管线；大型水泵的噪声污染防治设施；输水渠道边具有防护功能的生态林建设；用于保护生态湿地的水利设施；绿化补偿措施；生态保护措施等。

（2）环境影响报告书（表）和有关项目设计文件规定应采取的其他各项环境保护措施。

例如：施工期各类营地的有序安排及控制；施工中废气排放、扬尘控制、污水处理、噪声控制、废渣处理、林木保护、耕地保护、排泥场等各项环保措施；施工结束时的清库措施；受扰动土地的平整、复耕措施；农田水利设施恢复；绿化恢复措施；水土保持措施；施工活动的范围限制措施；移民安置中的环保措施；人群健康保障措施；饮用水安全保障措施等。

五、建设项目竣工环境保护验收档案资料与报告

《建设项目竣工环境保护验收暂行办法》（国环规环评〔2017〕4号）要求：建设单位应当将验收报告以及其他档案资料存档备查。

事实上，水利工程竣工环境保护验收时需要查阅很多档案资料，这些资料是否齐备对环境保护验收影响较大，资料齐全则验收较顺利，若资料欠缺太多则验收会非常困难，甚至无法通过验收。因此，资料的收集与管理是工程管理的一个重要环节。一般情况下，水利工程竣工环境保护验收时需要的基本资料如下：

（1）环境影响报告书或环境影响报告表。

（2）生态环境主管部门对环境影响报告书或环境影响报告表的批复意见。

（3）工程可行性研究报告。

（4）工程初步设计报告。

（5）工程水土保持方案、报告。

（6）工程建设征地补偿及移民安置报告。

（7）单项合同工程完工验收报告。

（8）工程建设管理工作报告。

（9）合同文件。

（10）施工期环保监理方案、记录、资料及工作报告等。

（11）施工期环境监测机构，监测数据、资料及报告等。

（12）验收监测（调查）报告。

（13）环境管理机构。

（14）环境保护投资。

（15）工程建设过程中一些环境保护重大事件记录。

实际上任何一项工程从规划设计到建设完工、投入运行，每个阶段的工作都与环境保护密切相关。因此竣工环境保护验收也是对工程全过程一次完整的回顾，涉及的内容是非常全面的。一个大型的水利工程，从开始规划到最终建设完成，往往周期很长，有的长达数十年，参与工作的各方人员众多，资料、数据、报告数量庞大。因此，相关行政主管部门或建设单位应设置专门的资料室，由专业人员进行专业化管理，保证资料的齐全。这样，竣工环境保护验收及其他各类工作就会比较顺利。

思 考 题

1-1　水利工程对环境的主要影响有哪些？

1-2　建设项目环境影响评价的主要作用是什么？

1-3　水利工程各阶段的主要环境保护任务和目标有哪些？

1-4　水利水电建设项目竣工环境保护验收程序和责任主体是什么？

第二章 环境保护法律法规

第一节 环境保护法律法规体系

一、环境保护法的基本概念

环境保护法，是调整因开发、利用、保护和改善人类环境而产生的社会关系的法律规范总称。其目的是为了协调人类与环境的关系，保护人体健康，保障社会经济的持续发展。其内容主要包括两个方面：一是关于合理开发利用自然环境要素，防止环境破坏的法律规范；二是关于防治环境污染和其他公害，改善环境的法律规范。另外还包括防止自然灾害和减轻自然灾害对环境造成不良影响的法律规范。

（一）环境保护法的本质

环境保护法是特定社会制度法律体系的组成部分，具有法律整体的共性——阶级性。同时，环境保护法是典型的以社会公共利益为立法目的的法律，具有社会性。

（二）环境保护法的特征

环境保护法区别于一般法律的主要特征，有以下几点。

1. 综合性

保护对象的广泛性和保护方法的多样性，决定了环境保护法是一部极其综合化的法律。

2. 技术性

环境保护需要采取各种工程的、技术的措施，环境保护法必须体现自然规律特别是生态学规律的要求，要把大量的技术规范、操作规程、环境标准等包括在法律体系中。

3. 社会性

环境保护法主要解决的是人与自然的矛盾，其阶级性不甚明显。环境保护的利益与全社会的利益是一致的，环境保护法具有广泛的社会性和公益性。

4. 共同性

环境问题是人类共同面临的问题，各国环境法中可以相互借鉴的内容很多。

（三）环境保护法的作用

（1）环境保护法是国家进行环境管理的法律依据。

（2）环境保护法是防治污染和其他公害、保护生活环境和生态环境，合理开发和利用环境资源、保障人体健康的法律武器。

（3）环境保护法是协调经济、社会发展和环境保护的重要调控手段。

（4）环境保护法是提高全体公民环境意识和环境法制观念的权威资料。

（四）环境保护法的地位

环境保护法是一部独立的法律，理由如下：

（1）环境保护法有其所调整的明确的、特定的社会关系领域，即调整因开发、利用、保护和改善人类环境而产生的社会关系，原有的部门法不能满足国家对环境进行全面管理的需要。

（2）环境保护法有其产生、发展和存在的特定原因，有其特定的目的和任务。

（3）我国环境立法发展很快，环境保护法已具备作为一部独立法律的体系和规模。

二、我国的环境保护法律法规体系

我国建立了由法律、行政法规、部门规章、地方性法规和地方性规章、环境标准、环境保护国际公约组成的完整的环境保护法律法规体系。

（一）法律

根据《中华人民共和国立法法》的规定，全国人民代表大会和全国人民代表大会常务委员会行使国家立法权，全国人民代表大会制定和修改刑事、民事、国家机构和其他的基本法律。全国人民代表大会常务委员会制定和修改除应当由全国人民代表大会制定的法律以外的其他法律；在全国人民代表大会闭会期间，对全国人民代表大会制定的法律进行部分补充和修改，但是不得同该法律的基本原则相抵触。

1. 宪法

宪法是国家的根本大法。《中华人民共和国宪法》（1982 年 12 月 4 日第五届全国人民代表大会第五次会议通过）2018 年修正案第九条第二款规定：国家保障自然资源的合理利用，保护珍贵的动物和植物。禁止任何组织或者个人用任何手段侵占或者破坏自然资源。第二十六条第一款规定：国家保护和改善生活环境和生态环境，防治污染和其他公害。宪法中这些规定是环境保护立法的依据和指导原则。

2. 环境保护法律

环境保护法律包括环境保护综合法、环境保护单行法和环境保护相关法。

环境保护综合法是指 1989 年颁布的《中华人民共和国环境保护法》。该法于 2014 年 4 月 24 日第十二届全国人民代表大会常务委员会第八次会议修订，修订后的法律共七章七十条，被定位为环境领域的基础性、综合性法律，主要规定环境保护的基本原则和基本制度，解决共性问题，规定保护环境是国家的基本国策，并明确环境保护坚持保护优先、预防为主、综合治理、公众参与、损害担责的原则。一般认为，《中华人民共和国环境保护法》也是环境保护法律体系中的基本法。

环境保护单行法包括污染防治法和生态保护法。污染防治法包括《中华人民共和国水污染防治法》《中华人民共和国大气污染防治法》《中华人民共和国固体废物污染环境防治法》《中华人民共和国环境噪声污染防治法》《中华人民共和国放射性污染防治法》《中华人民共和国土壤污染防治法》等；生态保护法包括《中华人民共和国水土保持法》《中华人民共和国野生动物保护法》《中华人民共和国防沙治沙法》《中华人民共和国海洋环境保护法》《中华人民共和国环境影响评价法》等。

环境保护相关法主要是指自然资源法和其他相关法律，如《中华人民共和国森林法》《中华人民共和国草原法》《中华人民共和国渔业法》《中华人民共和国矿产资源法》《中华人民共和国水法》《中华人民共和国清洁生产促进法》《中华人民共和国长江保护法》《中华人民共和国民法典》等，都涉及环境保护的有关要求，也是环境保护法律法规体系的一部分。

（二）环境保护行政法规

根据《中华人民共和国立法法》等有关规定，行政法规是国务院根据宪法和法律，按照法定程序制定的有关履行行政职责、行使行政权力的规范性文件，可以就下列事项作出规定：

（1）为执行法律的规定需要制定行政法规的事项。

（2）宪法第八十九条规定的国务院行政管理职权的事项。

从实践中看，环境保护行政法规主要由国务院制定并公布或经国务院批准有关主管部门公布的环境保护规范性文件，一是根据法律授权制定的环境保护法的实施细则或条例；二是针对环境保护的某个领域而制定的条例、规定和办法，如《建设项目环境保护管理条例》《排污许可管理条例》等。

（三）环境保护部门规章

根据《中华人民共和国立法法》的规定，国务院各部、委员会、中国人民银行、审计署和具有行政管理职能的直属机构，能够依照法律和国务院的行政法规、决定、命令，在本部门的权限范围内，制定规章。部门规章规定的事项应当属于执行法律或者国务院的行政法规、决定、命令的事项。

环境保护部门规章是指国务院生态环境主管部门单独发布或与国务院有关部门联合发布的环境保护规范性文件，以及政府其他有关行政主管部门依法制定的环境保护规范性文件。在实践中，环境保护部门规章是以环境保护法律和行政法规为依据而制定的，或者是针对某些尚未有相应法律和行政法规调整的领域作出相应规定。

（四）环境保护地方性法规和地方性规章

环境保护地方性法规和地方性规章是享有立法权的地方权力机关和地方政府机关依据宪法和相关法律制定的环境保护规范性文件。这些规范性文件是根据本地实际情况和特定环境问题制定的，并在本地区实施，有较强的可操作性。环境保护地方性法规和地方性规章不能和现行法律、行政法规相抵触。

（五）环境标准

环境标准是为了防止环境污染，维护生态平衡，保护人群健康，对环境保护工作中需要统一的各项技术规范和技术要求所做的规定，是我国环境法体系中一个独立的、特殊的、重要的组成部分，是环境执法和环境管理工作的技术依据。

1. 环境标准的法律性质

（1）环境标准具有规范性。它与一般法律不同之处在于，它不是通过法律条文规定人们的行为模式和法律后果，而是通过一些定量性的数据、指标、技术规范来调整人们的行为。

（2）环境标准具有法律的约束力。

（3）环境标准要经授权由有关国家机关按照法定程序制定和颁布。

2. 环境保护标准体系

目前，我国已形成两级五类的环保标准体系。两级为国家级和地方级标准，五类包括环境质量标准、污染物排放（控制）标准、环境监测类标准（包括环境监测分析方法标准、环境监测技术规范、环境监测仪器与系统技术要求以及环境标准样品）、环境管理规范类标准和环境基础类标准。

地方环境保护标准严于国家环境保护标准，地方环境保护标准优先于国家环境保护标准执行。污染物排放标准分为综合排放标准和行业排放标准，综合排放标准与行业排放标准不交叉执行，行业排放标准优先执行，即有行业排放标准的部门执行行业排放标准，没有行业排放标准的部门执行综合排放标准。我国的环境标准又分为强制性标准和推荐性标准，强制性标准是必须执行的，强制性标准以外的环境标准属于推荐性标准，国家鼓励采用；但当推荐性标准被强制性标准引用，则也必须强制执行。

我国现行主要环境标准包括以下几种。

（1）环境质量标准：《环境空气质量标准》（GB 3095—2012）、《地表水环境质量标准》（GB 3838—2002）、《地下水质量标准》（GB/T 14848—2017）、《声环境质量标准》（GB 3096—2008）、《土壤环境质量 农用地土壤污染风险管控标准（试行）》（GB 15618—2018）等。

（2）污染物排放（控制）标准：《污水综合排放标准》（GB 8978—1996）、《大气污染物综合排放标准》（GB 16297—1996）、《建筑施工场界环境噪声排放标准》（GB 12523—2011）、《农用污泥污染物控制标准》（GB 4284—2018）等。

（3）环境监测类标准：①环境监测方法标准，有《环境空气 氮氧化物的自动测定 化学发光法》（HJ 1043—2019）、《固定污染源排气中乙醛的测定 气相色谱法》（HJ/T 35—1999）等；②环境监测技术规范，有《地下水环境监测技术规范》（HJ 164—2020）、《土壤环境监测技术规范》（HJ/T 166—2004）等；③环境监测仪器与系统技术要求，有《便携式溶解氧测定仪技术要求及检测方法》（HJ 925—2017）、《氨氮水质在线自动监测仪技术要求及检测方法》（HJ 101—2019）等；④环境标准样品，有《大气 试验粉尘标准样品 煤飞灰》（GB/T 13269—91）等。

（4）环境管理规范类标准：《环境影响评价技术导则 地表水环境》（HJ 2.3—2018）、《化学品测试导则》（HJ/T 153—2004）等。

（5）环境基础类标准：《空气质量 词汇》（HJ 492—2009）、《环境污染源类别代码》（GB/T 16706—1996）等。

（六）环境保护国际公约

凡是我国已参加的国际环境保护公约及与外国缔结的关于环境保护的双边、多边条约，都是我国环境保护体系的有机组成部分。至今，我国已缔结或参加了 50 多个环境保护方面的国际条约，主要有《保护臭氧层维也纳公约》《保护世界文化和自然遗产公约》《濒危野生动植物物种国际贸易公约》《关于消耗臭氧层物质的蒙特利尔协定书》《控制危险废物越境转移及其处置的巴塞尔公约》《气候变化框架公约》《生物多样性公约》《大陆架公约》《中日保护候鸟及其栖息地环境协定》《中美环境保护科学技术合作协定书》等。

三、环境保护法律法规体系中各层次间的关系

宪法是环境保护法律法规体系建立的依据和基础，具有最高的法律效力，一切法律、行政法规、地方性法规、规章都不得与其相抵触。

环境保护的综合法、单行法和相关法，法律效力是一样的。如果法律规定中有不一致的地方，应遵循后法大于先法、特别法优于一般法的原则。法律的效力高于行政法规、地方性法规、规章。行政法规的效力高于地方性法规、规章。地方性法规的效力高于本级和下级地方政府规章。

部门规章之间、部门规章与地方政府规章之间具有同等效力，在各自的权限范围内施行。地方性法规、规章之间不一致时，由有关机关依照下列规定的权限作出裁决：①同一机关制定的新的一般规定与旧的特别规定不一致时，由制定机关裁决；②地方性法规与部门规章之间对同一事项的规定不一致，不能确定如何适用时，由国务院提出意见，国务院认为应当适用地方性法规的，应当决定在该地方适用地方性法规的规定；认为应当适用部门规章的，应当提请全国人民代表大会常务委员会裁决；部门规章之间、部门规章与地方政府规章之间对同一事项的规定不一致时，由国务院裁决。

我国的环境保护法律法规与参加和签署的国际公约有不同规定时，应优先适用国际公约的规定，但我国声明保留的条款除外。

第二节　环境影响评价法律制度

一、环境影响评价制度的历史沿革与发展

（一）环境影响评价制度的起源及其国际上的发展

环境影响评价作为一种环境保护的手段和方法，是在 20 世纪中期提出来的。第二次世界大战以后，全球经济加速发展，由此带来的环境问题也越来越严重，环境公害事件频繁发生，人们开始关注人类活动对环境的影响，运用各个学科的研究成果预测和评估计划中的人类活动可能会给环境带来的影响和危害，有针对性地提出相应的防治措施。经过一段实践，1964 年在加拿大召开的国际环境质量评价会议上，学者们提出了"环境影响评价"的概念。国际上早期的环境影响评价只是作为一种科学方法和技术手段，为人类开发活动提供指导，并没有约束力。美国是世界上第一个用法律把环境影响评价固定下来并建立了环境影响评价制度的国家。1969 年，美国国会通过了《国家环境政策法》，于 1970 年 1 月 1 日起正式实施。该法规定：在对人类环境质量有重大影响的每一种建议报告和重大联邦行动中，均应由负责官员提供一份包括下列各项内容的详细说明：

第一项　拟议中的行动将会对环境产生影响。

第二项　如果建议付诸实施，不可避免地将会出现的任何不利于环境的影响。

第三项　拟议行动的各种选择方案。

第四项　人类环境的短期使用与维持和长期生产能力之间的关系。

第五项　行动的实施造成的无法恢复的资源损失。

在制作详细说明之前，联邦负责官员应当与专业部门及地方官员磋商，并将意见书提交总统和环境质量委员会，并向公众宣布。

继美国建立环境影响评价制度后，先后有瑞典（1970 年）、新西兰（1973 年）、加拿大（1973 年）、澳大利亚（1974 年）、马来西亚（1974 年）、联邦德国（1976 年）、菲律宾（1979 年）、印度（1978 年）、泰国（1979 年）、中国（1979 年）、印尼（1979 年）、斯里兰卡（1979 年）等国建立起了环境影响评价制度。截至目前，全世界已有 100 多个国家建立了环境影响评价制度。

国际上也设立了许多有关环境影响评价的机构，比如 1970 年世界银行设立了环境与健康事务办公室，开展了很多研究和交流，促进了环境影响评价的应用与发展。1984 年 5 月，联合国环境规划理事会第 12 届会议建议组织各国进行环境影响评价研究，为开展环境影响评价提供了理论和方法基础。1992 年联合国环境与发展大会在里约热内卢召开，通过了《里约环境与发展宣言》和《21 世纪议程》，宣告：对于可能对环境产生重大不利影响的活动和要由一个国家机构做决定的活动，应进行环境影响评估，将此作为一个国家手段。

（二）中国环境影响评价制度的发展

1973 年，我国召开了第一次全国环境保护会议，环境影响评价的概念开始引入我国。之后一些专家学者开始宣传、倡导环境影响评价，并开始了环境质量评价及方法的研究。1973 年，北京西郊、官厅水库流域、南京市等地开展了环境质量评价。1977 年，中国科学院召开"区域环境学"讨论会，推动了大中城市及大流域的环境质量现状评价。1978 年 12 月，国务院环境保护领导小组在《环境保护工作汇报要点》中首先提出了环境影响评价的意向。1979 年 4 月，在《关于全国环境保护工作会议情况的报告》中把环境影响评价作为一项政策再次提出，并在一些地方开展了试点工作。

1979 年 9 月，《中华人民共和国环境保护法（试行）》颁布，其中规定："一切企业、事业单位的选址、设计、建设和生产，都必须注意防止对环境的污染和破坏。在进行新建、改建和扩建工程中，必须提出环境影响报告书，经环境保护主管部门和其他有关部门审查批准后才能进行设计。"我国的环境影响评价制度由此正式建立起来。

1979 年以来，环境影响评价制度不断得到完善。目前为止，大致经历了 3 个阶段。

1. 规范建设阶段（1979—1989 年）

此期间，根据《中华人民共和国环境保护法（试行）》颁布了许多法律法规，如《中华人民共和国海洋环境保护法》《中华人民共和国水污染防治法》等。还颁布了《建设项目环境保护管理办法》《建设项目环境影响评价证书管理办法》等多个部门规章。各地方、各行业部门也陆续制定了建设项目环境保护管理的行政规章共 50 多个。初步形成了国家、地方、行业相配套的环境影响评价的多层次法规体系，环境影响评价的内容、范围、程序和技术方法不断得到完善。并建设了一支环境影响评价专业队伍，完成了大量大中型建设项目的环境影响评价工作。

2. 强化和完善阶段（1990—1998 年）

1989 年 12 月，通过了修改的《中华人民共和国环境保护法》，重新规定了环境影响评价制度。随着我国改革开放的深入发展，外商投资、国际金融机构贷款投资日益增多，环境影响评价进一步与国际接轨。饮食娱乐服务行业和开发区环境影响评价工作得到确立。1996 年，召开了第四次全国环境保护工作会议，根据《国务院关于环境保护若干问题的决议》，对不符合环境保护要求的项目实施"一票否决"。实施了污染物总量控制，强化了"清洁生产"和"公众参与"的内容，强化了生态环境影响评价。对评价人员进行了持证上岗培训。发布了《环境影响评价技术导则》（总纲、大气环境、地面水环境）。

3. 提高阶段（1999 年至现在）

1998 年 11 月，《建设项目环境保护管理条例》（国务院令第 253 号）发布实施，这是建设项目环境管理的第一个行政法规，其中将环境影响评价作为一章作了详细明确的规定，把环评制度推向了新的时期。其后，国家环保局制定了一系列部门规章，从可操作性的角度对评价资质、分类管理、审批程序等作了进一步明确。发布了一系列评价导则和标准。2002 年 10 月，《环境影响评价法》颁布实施，其中明确了建设项目环境影响评价的概念、内容和责任，还新提出了规划环境影响评价的概念和要求，使得环境影响评价类型和范围得到大大扩展。

2009 年 8 月，国务院又颁布了《规划环境影响评价条例》，进一步细化了规划环评的责任主体、环评文件的编制主体及编制方式、公众参与、实施程序等，明确了专项规划环评的审查主体、程序和效力，确立了"区域限批"等责任追究和约束性制度等。

为适应新的形势要求，2016 年 7 月 2 日第十二届全国人民代表大会常务委员会第二十一次会议和 2018 年 12 月 29 日第十三届全国人民代表大会常务委员会第七次会议两次对《环境影响评价法》进行了修正。2017 年 6 月 21 日国务院第 177 次常务会议通过了《国务院关于修改〈建设项目环境保护管理条例〉的决定》，对《建设项目环境保护管理条例》进行了修改。

二、建设项目环境影响评价法律法规

（一）《中华人民共和国环境影响评价法》的主要规定

《中华人民共和国环境影响评价法》（2002 年 10 月 28 日第九届全国人民代表大会常务委员会第三十次会议通过，2018 年 12 月 29 日第二次修正）是为了实施可持续发展战略，预防因规划和建设项目实施后对环境造成不良影响，促进经济、社会和环境的协调发展而制定的法律。

《中华人民共和国环境影响评价法》的诞生，填补了我国环保法律制度的一个空白。作为一部法律，它最大的亮点是对涉及环评的"三大主体"——建设单位、评价单位、审批单位，都做出了相应的"法律责任"规定。

1. 建设项目环境影响评价技术单位的管理

《中华人民共和国环境影响评价法》第十九条规定：建设单位可以委托技术单位对其

建设项目开展环境影响评价，编制建设项目环境影响报告书、环境影响报告表；建设单位具备环境影响评价技术能力的，可以自行对其建设项目开展环境影响评价，编制建设项目环境影响报告书、环境影响报告表。编制建设项目环境影响报告书、环境影响报告表应当遵守国家有关环境影响评价标准、技术规范等规定。国务院生态环境主管部门应当制定建设项目环境影响报告书、环境影响报告表编制的能力建设指南和监管办法。接受委托为建设单位编制建设项目环境影响报告书、环境影响报告表的技术单位，不得与负责审批建设项目环境影响报告书、环境影响报告表的生态环境主管部门或者其他有关审批部门存在任何利益关系。第二十条规定：建设单位应当对建设项目环境影响报告书、环境影响报告表的内容和结论负责，接受委托编制建设项目环境影响报告书、环境影响报告表的技术单位对其编制的建设项目环境影响报告书、环境影响报告表承担相应责任。

2. 建设项目环境影响评价分类管理

根据建设项目对环境的影响程度，对建设项目的环境影响评价实行分类管理是世界各国的通行做法。对环境影响大的建设项目从严管理，坚决防止环境污染和生态破坏；而对环境影响小的建设项目则可适当简化评价内容和审批程序，以促进经济的快速发展。《中华人民共和国环境影响评价法》第十六条规定，国家根据建设项目对环境的影响程度，对建设项目的环境影响评价实行分类管理。建设单位应当按照下列规定组织编制环境影响报告书、环境影响报告表或者填报环境影响登记表（以下统称环境影响评价文件）：

（1）可能造成重大环境影响的，应当编制环境影响报告书，对产生的环境影响进行全面评价。

（2）可能造成轻度环境影响的，应当编制环境影响报告表，对产生的环境影响进行分析或者专项评价。

（3）对环境影响很小、不需要进行环境影响评价的，应当填报环境影响登记表。

建设项目的环境影响评价分类管理名录，由国务院生态环境主管部门制定并公布。《建设项目环境保护管理条例》第七条也有相同的规定。

1999年，国家环境保护总局首次颁布实施《建设项目环境保护分类管理》（试行）。2002年10月，颁布的《建设项目环境保护分类管理名录》（国家环境保护总局令第14号，以下简称《名录》），对分类管理作出了具体规定：建设项目按其造成的环境影响程度划分为"重大影响""轻度影响""影响很小"3个级别，分别要求编制环境影响评价报告书、环境影响评价报告表以及填报环境影响登记表。《名录》对具体的建设项目应当编制何种类型的环境影响评价文件作了详细的可操作性规定，把纳入环境影响评价分类管理的建设项目分门别类，划分为93大类，并将大类进一步细化为169个小类，每一小类中，按项目的性质、规模、技术参数、是否涉及敏感区等，确定了其环境影响评价文件类型。

2008—2018年，环境保护部（现生态环境部）多次对《名录》进行修订。2020年，生态环境部再次对《名录》进行了修订，从2021年1月1日起实施。《名录》的再次修订具有以下几点意义：一是落实国务院深化"放管服"改革、优化营商环境要求，实现环评审批正面清单改革试点的常态化、制度化；二是提高《名录》的科学性、可操作性，与《国民经济行业分类》相对应；三是推进构建环境治理体系、治理能力现代化，加强环评与排污许可制度衔接，减轻企业负担。

3. 建设项目环境影响评价文件的分级审批管理

《中华人民共和国环境影响评价法》第二十三条规定，国务院生态环境主管部门负责审批下列建设项目的环境影响评价文件：

（1）核设施、绝密工程等特殊性质的建设项目。

（2）跨省、自治区、直辖市行政区域的建设项目。

（3）由国务院审批的或者由国务院授权有关部门审批的建设项目。

前款规定以外的建设项目的环境影响评价文件的审批权限，由省、自治区、直辖市人民政府规定。

建设项目可能造成跨行政区域的不良环境影响，有关生态环境主管部门对该项目的环境影响评价结论有争议的，其环境影响评价文件由共同的上一级生态环境主管部门审批。

由于国家投资体制的改革，投资审批体制也有重大变化，大批建设项目从审批转为核准与备案。为适应形势发展的需要，国家环境保护总局 2002 年颁布了《建设项目环境影响评价分级审批规定》（国家环境保护总局令第 15 号），分别对中央政府财政性投资项目、地方政府财政性投资项目、非政府财政性投资项目的环境影响评价文件的分级审批作出了规定，提出了应由国家环境保护总局审批环境影响评价文件的建设项目名录，并明确"按照国家有关规定，应由国务院或国务院有关部门立项或设立的国家限制建设的项目，由国家环境保护总局审批其环境影响评价文件""凡涉及国家级自然保护区的建设项目，其环境影响评价文件由地方环境保护行政主管部门审批的，该环境保护行政主管部门在审批该建设项目环境影响评价文件前，应征求国家环境保护总局的意见"。2004 年 12 月，国家环境保护总局与国家发展和改革委员会颁发《关于加强建设项目环境影响评价分级审批的通知》，再次对有关程序进行了明确。

2008 年 12 月，环境保护部重新修订了《建设项目环境影响评价文件分级审批规定》，于 2009 年 3 月 1 日起施行。第四条规定：建设项目环境影响评价文件的分级审批权限，原则上按照建设项目的审批、核准和备案权限及建设项目对环境的影响性质和程度确定。第五条规定：环境保护部负责审批下列类型的建设项目环境影响评价文件：①核设施、绝密工程等特殊性质的建设项目；②跨省、自治区、直辖市行政区域的建设项目；③由国务院审批或核准的建设项目，由国务院授权有关部门审批或核准的建设项目，由国务院有关部门备案的对环境可能造成重大影响的特殊性质的建设项目。

根据党中央、国务院简政放权、转变政府职能改革的有关要求，环境保护部持续推进环境影响评价（以下简称环评）制度改革，在简化、下放、取消环评相关行政许可事项的同时，强化环评事中事后监管。继 2013 年 11 月下放 25 项建设项目环评审批权限后，根据《中华人民共和国环境影响评价法》和国务院《政府核准的投资项目目录（2014 年本）》，再次对环境保护部审批权限作出调整，于 2015 年 3 月 21 日发布了《环境保护部审批环境影响评价文件的建设项目目录（2015 年本）》，为深化"放管服"改革，生态环境部（原环境保护部）于 2019 年 2 月 26 日发布了《生态环境部审批环境影响评价文件的建设项目目录（2019 年本）》，对目录进行了调整。

4. 建设单位的法律责任

《中华人民共和国环境影响评价法》第三十一条规定的建设项目业主单位的法律责任如下：

建设单位未依法报批建设项目环境影响报告书、报告表，或者未依照本法第二十四条的规定重新报批或者报请重新审核环境影响报告书、报告表，擅自开工建设的，由县级以上生态环境主管部门责令停止建设，根据违法情节和危害后果，处建设项目总投资额百分之一以上百分之五以下的罚款，并可以责令恢复原状；对建设单位直接负责的主管人员和其他直接责任人员，依法给予行政处分。

建设项目环境影响报告书、报告表未经批准或者未经原审批部门重新审核同意，建设单位擅自开工建设的，依照前款的规定处罚、处分。

建设单位未依法备案建设项目环境影响登记表的，由县级以上生态环境主管部门责令备案，处五万元以下的罚款。

海洋工程建设项目的建设单位有本条所列违法行为的，依照《海洋环境保护法》的规定处罚。

"未依法报批环境影响评价文件擅自开工建设"包括两种情况：一是依法应当报批建设项目环境影响评价文件而未报批，建设单位违反《环境影响评价法》第二十五条的规定擅自开工建设；二是依照《环境影响评价法》第二十四条的规定，建设项目的环境影响评价文件经批准后，建设项目的性质、规模、地点、采用的生产工艺或者防治污染、防止生态破坏的措施等发生重大变动的，或者建设项目的环境影响评价文件自批准之日起超过五年，方决定该项目开工建设的，应当重新报批环境影响评价文件，建设单位未经重新报批擅自开工建设的。

（二）《建设项目环境保护管理条例》的主要规定

《建设项目环境保护管理条例》（1998 年 11 月 29 日国务院令第 253 号发布，根据 2017 年 7 月 16 日《国务院关于修改〈建设项目环境保护管理条例〉的决定》修订）对评价范围、评价项目应遵守的标准、建设项目环境影响分类、报告书内容、审批程序、法律责任等作了具体规定。

《建设项目环境保护管理条例》主要包括以下内容。

1. 环境影响评价的对象是建设项目

国家实行建设项目环境影响评价制度。《建设项目环境保护管理条例》所称的"建设项目"，是指已经列入建设项目环境保护管理名录的，以固定资产投资方式进行的一切开发建设活动，包括国有经济、城乡集体经济、联营、股份制、外资、港澳台投资、个体经济和其他各种不同类型的开发建设活动。

2. 对建设项目的环境影响评价实行分类管理

根据《建设项目环境保护管理条例》第七条的规定，国家根据建设项目对环境的影响程度，按照以下规定对建设项目的环境保护实行分类管理：①建设项目对环境可能造成重大影响的，应当编制环境影响报告书，对建设项目产生的污染和对环境的影响进行全面、详细的评价；②建设项目对环境可能造成轻度影响的，应当编制环境影响报告表，对建设项目产生的污染和对环境的影响进行分析或者专项评价；③建设项目对环境影响很小，不需要进行环境影响评价的，应当填报环境影响登记表。建设项目环境影响评价分类管理名录，由国务院环境保护行政主管部门在组织专家进行论证和征求有关部门、行业协会、企事业单位、公众等意见的基础上制定并公布。

3. 建设项目环境影响报告书（表）的内容

《建设项目环境保护管理条例》第八条规定，建设项目环境影响报告书应当包括下列内容：建设项目概况；建设项目周围环境现状；建设项目对环境可能造成影响的分析和预测；环境保护措施及其经济、技术论证；环境影响经济损益分析；对建设项目实施环境监测的建议；环境影响评价结论。建设项目环境影响报告表、环境影响登记表的内容和格式，由国务院环境保护行政主管部门规定。

4. 环境影响评价报告书（表）的审批

依法应当编制环境影响报告书、环境影响报告表的建设项目，建设单位应当在开工建设前将环境影响报告书、环境影响报告表报有审批权的环境保护行政主管部门审批；建设项目的环境影响评价文件未依法经审批部门审查或者审查后未予批准的，建设单位不得开工建设。依法应当填报环境影响登记表的建设项目，建设单位应当按照国务院环境保护行政主管部门的规定将环境影响登记表报建设项目所在地县级环境保护行政主管部门备案。建设项目环境影响报告书、环境影响报告表经批准后，建设项目的性质、规模、地点、采用的生产工艺或者防治污染、防止生态破坏的措施发生重大变动的，建设单位应当重新报批建设项目环境影响报告书、环境影响报告表。建设项目环境影响报告书、环境影响报告表自批准之日起满 5 年，建设项目方开工建设的，其环境影响报告书、环境影响报告表应当报原审批部门重新审核。

5. 征求公众意见

《建设项目环境保护管理条例》第十四条规定，建设单位编制环境影响报告书，应当依照有关法律规定，征求建设项目所在地有关单位和居民的意见。

第三节　水利建设项目环境保护的法律规定

一、《环境保护法》相关规定

《环境保护法》是为保护和改善环境、防治污染和其他公害、保障公众健康、推进生态文明建设、促进经济社会可持续发展制定的国家法律。于 1989 年 12 月 26 日第七届全国人民代表大会常务委员会第十一次会议通过，2014 年 4 月 24 日第十二届全国人民代表大会常务委员会第八次会议修订，自 2015 年 1 月 1 日起施行。

（一）保护和改善环境的有关规定

《环境保护法》第六条　一切单位和个人都有保护环境的义务。地方各级人民政府应当对本行政区域的环境质量负责。企业事业单位和其他生产经营者应当防止、减少环境污染和生态破坏，对所造成的损害依法承担责任。公民应当增强环境保护意识，采取低碳、节俭的生活方式，自觉履行环境保护义务。

第二十九条 国家在重点生态功能区、生态环境敏感区和脆弱区等区域划定生态保护红线，实行严格保护。各级人民政府对具有代表性的各种类型的自然生态系统区域，珍稀、濒危的野生动植物自然分布区域，重要的水源涵养区域，具有重大科学文化价值的地质构造、著名溶洞和化石分布区、冰川、火山、温泉等自然遗迹，以及人文遗迹、古树名木，应当采取措施予以保护，严禁破坏。

第三十条 开发利用自然资源，应当合理开发，保护生物多样性，保障生态安全，依法制定有关生态保护和恢复治理方案并予以实施。引进外来物种以及研究、开发和利用生物技术，应当采取措施，防止对生物多样性的破坏。

第三十二条 国家加强对大气、水、土壤等的保护，建立和完善相应的调查、监测、评估和修复制度。

第三十四条 国务院和沿海地方各级人民政府应当加强对海洋环境的保护。向海洋排放污染物、倾倒废弃物，进行海岸工程和海洋工程建设，应当符合法律法规规定和有关标准，防止和减少对海洋环境的污染损害。

第三十五条 城乡建设应当结合当地自然环境的特点，保护植被、水域和自然景观，加强城市园林、绿地和风景名胜区的建设与管理。

（二）防治污染和其他公害的有关规定

《环境保护法》第四十一条 建设项目中防治污染的设施，应当与主体工程同时设计、同时施工、同时投产使用。防治污染的设施应当符合经批准的环境影响评价文件的要求，不得擅自拆除或者闲置。

第四十二条 排放污染物的企业事业单位和其他生产经营者，应当采取措施，防治在生产建设或者其他活动中产生的废气、废水、废渣、医疗废物、粉尘、恶臭气体、放射性物质以及噪声、振动、光辐射、电磁辐射等对环境的污染和危害。

排放污染物的企业事业单位，应当建立环境保护责任制度，明确单位负责人和相关人员的责任。

重点排污单位应当按照国家有关规定和监测规范安装使用监测设备，保证监测设备正常运行，保存原始监测记录。

严禁通过暗管、渗井、渗坑、灌注或者篡改、伪造监测数据，或者不正常运行防治污染设施等逃避监管的方式违法排放污染物。

第四十六条 国家对严重污染环境的工艺、设备和产品实行淘汰制度。任何单位和个人不得生产、销售或者转移、使用严重污染环境的工艺、设备和产品。

禁止引进不符合我国环境保护规定的技术、设备、材料和产品。

第四十八条 生产、储存、运输、销售、使用、处置化学物品和含有放射性物质的物品，应当遵守国家有关规定，防止污染环境。

（三）信息公开和公众参与的有关规定

《环境保护法》第五十六条 对依法应当编制环境影响报告书的建设项目，建设单位应当在编制时向可能受影响的公众说明情况，充分征求意见。

第五十七条　公民、法人和其他组织发现任何单位和个人有污染环境和破坏生态行为的，有权向环境保护主管部门或者其他负有环境保护监督管理职责的部门举报。

二、《水法》相关规定

《水法》是为了合理开发、利用、节约和保护水资源，防治水害，实现水资源的可持续利用，适应国民经济和社会发展的需要而制定的国家法律，于 1988 年 7 月 1 日起施行（第九届全国人民代表大会常务委员会第二十九次会议于 2002 年 8 月 29 日修订；2009 年 8 月 27 日第十一届全国人民代表大会常务委员会第十次会议《关于修改部分法律的决定》第一次修正；2016 年 7 月 2 日第十二届全国人民代表大会常务委员会第二十一次会议《全国人民代表大会常务委员会关于修改〈节约能源法〉等六部法律的决定》第二次修正）。

现行的《水法》重视水资源与人口、经济社会、生态与环境的协调关系，强调在水资源综合开发利用中对生态与环境的保护，提出了很多水利工程生态保护的内容。如第九条：国家保护水资源，采取有效措施，保护植被，植树种草，涵养水源，防治水土流失和水体污染，改善生态环境。

第二十一条　开发、利用水资源，应当首先满足城乡居民生活用水，并兼顾农业、工业、生态环境用水以及航运等需要。在干旱和半干旱地区开发、利用水资源，应当充分考虑生态环境用水需要。

第二十二条　跨流域调水，应当进行全面规划和科学论证，统筹兼顾调出和调入流域的用水需要，防止对生态环境造成破坏。

第二十六条　建设水力发电站，应当保护生态环境，兼顾防洪、供水、灌溉、航运、竹木流放和渔业等方面的需要。

第二十七条　在水生生物洄游通道、通航或者竹木流放的河流上修建永久性拦河闸坝，建设单位应当同时修建过鱼、过船、过木设施，或者经国务院授权的部门批准采取其他补救措施，并妥善安排施工和蓄水期间的水生生物保护、航运和竹木流放，所需费用由建设单位承担。

第三十条　县级以上人民政府水行政主管部门、流域管理机构以及其他有关部门在制定水资源开发、利用规划和调度水资源时，应当注意维持江河的合理流量和湖泊、水库以及地下水的合理水位，维护水体的自然净化能力。

第三十一条　从事水资源开发、利用、节约、保护和防治水害等水事活动，应当遵守经批准的规划；因违反规划造成江河和湖泊水域使用功能降低、地下水超采、地面沉降、水体污染的，应当承担治理责任。

在水资源保护方面，《水法》还建立了三项重要的基本制度。

第三十二条　国务院水行政主管部门会同国务院环境保护行政主管部门、有关部门和有关省、自治区、直辖市人民政府，按照流域综合规划、水资源保护规划和经济社会发展要求，拟定国家确定的重要江河、湖泊的水功能区划，报国务院批准。

第三十三条　国家建立饮用水水源保护区制度。省、自治区、直辖市人民政府应当划定饮用水水源保护区，并采取措施，防止水源枯竭和水体污染，保证城乡居民饮用水安全。

第三十四条 禁止在饮用水水源保护区设置排污口。在江河、湖泊新建、改建或者扩大排污口，应当经过有管辖权的水行政主管部门或者流域管理机构同意，由环境保护行政主管部门负责对该建设项目的环境影响报告书进行审批。

三、污染防治相关法律规定

（一）《中华人民共和国水污染防治法》

《中华人民共和国水污染防治法》1984年5月11日第六届全国人民代表大会常务委员会第五次会议通过，1996年5月15日第八届全国人民代表大会常务委员会第十九次会议《关于修改〈中华人民共和国水污染防治法〉的决定》修正；2008年2月28日第十届全国人民代表大会常务委员会第三十二次会议修订；2017年6月27日第十二届全国人民代表大会常务委员会第二十八次会议《关于修改〈水污染防治法〉的决定》第二次修正。是为保护和改善环境、防治水污染、保护水生态、保障饮用水安全、维护公众健康、推进生态文明建设、促进经济社会可持续发展制定的法律。具体制度包括：河长制、水环境保护目标责任制和考核评价制度、流域水污染防治规划制度、建设项目水环境影响评价制度、防治水污染设施"三同时"制度、排污许可制度、排污申报登记制度、排污收费制度、重点污染物排放总量控制制度及排污削减核定制度、城镇污水集中处理及收费制度、饮用水水源保护区制度、落后生产工艺设备淘汰制度、水污染事故处置制度、限期治理和现场检查制度等。上述管理制度针对主要的水污染源采取防治措施，实行水污染的源头控制，按照污染者负担的原则执行排污收费，结合水源保护集中治理水污染。

《中华人民共和国水污染防治法》第十九条 新建、改建、扩建直接或者间接向水体排放污染物的建设项目和其他水上设施，应当依法进行环境影响评价。建设单位在江河、湖泊新建、改建、扩建排污口的，应当取得水行政主管部门或者流域管理机构同意；涉及通航、渔业水域的，环境保护主管部门在审批环境影响评价文件时，应当征求交通、渔业主管部门的意见。建设项目的水污染防治设施，应当与主体工程同时设计、同时施工、同时投入使用。水污染防治设施应当符合经批准或者备案的环境影响评价文件的要求。

（二）《中华人民共和国大气污染防治法》

《中华人民共和国大气污染防治法》规定了一系列防治大气环境污染的基本制度，由第六届全国人民代表大会常务委员会第二十二次会议于1987年9月5日通过，1995年8月29日第八届全国人民代表大会常务委员会第十五次会议《关于修改〈中华人民共和国大气污染防治法〉的决定》第一次修正；2000年4月29日第九届全国人民代表大会常务委员会第十五次会议第一次修订；2015年8月29日第十二届全国人民代表大会常务委员会第十六次会议第二次修订；2018年10月26日第十三届全国人民代表大会常务委员会第六次会议《关于修改〈中华人民共和国野生动物保护法〉等十五部法律的决定》第二次修正。新《中华人民共和国大气污染防治法》从修订前的七章66条扩展到现在的八章129条，对大气污染防治的监督管理体制、主要的法律制度、防治燃烧产生的大气污染、防治机动车船排放污染以及防治废气、尘和恶臭污染的主要措施、法律责任等均做了较为明确、具体的规定。

第十八条 企业事业单位和其他生产经营者建设对大气环境有影响的项目，应当依法进行环境影响评价、公开环境影响评价文件；向大气排放污染物的，应当符合大气污染物排放标准，遵守重点大气污染物排放总量控制要求。

第六十九条 建设单位应当将防治扬尘污染的费用列入工程造价，并在施工承包合同中明确施工单位扬尘污染防治责任。施工单位应当制定具体的施工扬尘污染防治实施方案。

从事房屋建筑、市政基础设施建设、河道整治以及建筑物拆除等施工单位，应当向负责监督管理扬尘污染防治的主管部门备案。

施工单位应当在施工工地设置硬质围挡，并采取覆盖、分段作业、择时施工、洒水抑尘、冲洗地面和车辆等有效防尘降尘措施。建筑土方、工程渣土、建筑垃圾应当及时清运；在场地内堆存的，应当采用密闭式防尘网遮盖。工程渣土、建筑垃圾应当进行资源化处理。

施工单位应当在施工工地公示扬尘污染防治措施、负责人、扬尘监督管理主管部门等信息。

暂时不能开工的建设用地，建设单位应当对裸露地面进行覆盖；超过三个月的，应当进行绿化、铺装或者遮盖。

第七十条 运输煤炭、垃圾、渣土、砂石、土方、灰浆等散装、流体物料的车辆应当采取密闭或者其他措施防止物料遗撒造成扬尘污染，并按照规定路线行驶。

装卸物料应当采取密闭或者喷淋等方式防治扬尘污染。

第七十二条 贮存煤炭、煤矸石、煤渣、煤灰、水泥、石灰、石膏、砂土等易产生扬尘的物料应当密闭；不能密闭的，应当设置不低于堆放物高度的严密围挡，并采取有效覆盖措施防治扬尘污染。

第八十二条 禁止在人口集中地区和其他依法需要特殊保护的区域内焚烧沥青、油毡、橡胶、塑料、皮革、垃圾以及其他产生有毒有害烟尘和恶臭气体的物质。

(三)《中华人民共和国噪声污染防治法》

《中华人民共和国噪声污染防治法》是为防治环境噪声污染，保护和改善生活环境，保障身体健康，促进经济和社会发展制定的法律。由 1996 年 10 月 29 日第八届全国人民代表大会常务委员会第二十二次会议通过，2018 年 12 月 29 日第十三届全国人民代表大会常务委员会第七次会议通过对《中华人民共和国环境噪声污染防治法》作出修改；2021 年 12 月 24 日第十三届全国人民代表大会常务委员会第三十二次会议通过对《中华人民共和国环境噪声污染防治法》作出修改，2022 年 6 月 5 日起施行，原《环境噪声污染防治法》同时废止。

第二十四条 新建、改建、扩建可能产生噪声污染的建设项目，应当依法进行环境影响评价。

第二十五条 建设项目的噪声污染防治设施应当与主体工程同时设计、同时施工、同时投产使用。

建设项目在投入生产或者使用之前，建设单位应当依照有关法律法规的规定，对配套建设的噪声污染防治设施进行验收，编制验收报告，并向社会公开。未经验收或者验收不合格的，该建设项目不得投入生产或者使用。

第二十六条 建设噪声敏感建筑物，应当符合民用建筑隔声设计相关标准要求，不符合标准要求的，不得通过验收、交付使用；在交通干线两侧、工业企业周边等地方建设噪声敏感建筑物，还应当按照规定间隔一定距离，并采取减少振动、降低噪声的措施。

第四十条 建设单位应当按照规定将噪声污染防治费用列入工程造价，在施工合同中明确施工单位的噪声污染防治责任。

施工单位应当按照规定制定噪声污染防治实施方案，采取有效措施，减少振动、降低噪声。建设单位应当监督施工单位落实噪声污染防治实施方案。

第四十一条 在噪声敏感建筑物集中区域施工作业，应当优先使用低噪声施工工艺和设备。

国务院工业和信息化主管部门会同国务院生态环境、住房和城乡建设、市场监督管理等部门，公布低噪声施工设备指导名录并适时更新。

第四十二条 在噪声敏感建筑物集中区域施工作业，建设单位应当按照国家规定，设置噪声自动监测系统，与监督管理部门联网，保存原始监测记录，对监测数据的真实性和准确性负责。

第四十三条 在噪声敏感建筑物集中区域，禁止夜间进行产生噪声的建筑施工作业，但抢修、抢险施工作业，因生产工艺要求或者其他特殊需要必须连续施工作业的除外。

因特殊需要必须连续施工作业的，应当取得地方人民政府住房和城乡建设、生态环境主管部门或者地方人民政府指定的部门的证明，并在施工现场显著位置公示或者以其他方式公告附近居民。

《中华人民共和国噪声污染防治法》第六章还规定了交通运输噪声污染防治。

（四）《中华人民共和国固体废物污染环境防治法》

《中华人民共和国固体废物污染环境防治法》为保护和改善生态环境、防治固体废物污染环境、保障公众健康，维护生态安全、推进生态文明建设、促进经济社会可持续发展而制定。于1995年10月30日第八届全国人民代表大会常务委员会第十六次会议通过；2004年12月29日第十届全国人民代表大会常务委员会第十三次会议第一次修订；2013年6月29日第十二届全国人民代表大会常务委员会第三次会议《关于修改〈中华人民共和国文物保护法〉等十二部法律的决定》第一次修正；2015年4月24日第十二届全国人民代表大会常务委员会第十四次会议《关于修改〈中华人民共和国港口法〉等七部法律的决定》第二次修正；2016年11月7日第十二届全国人民代表大会常务委员会第二十四次会议《关于修改〈中华人民共和国对外贸易法〉等十二部法律的决定》第三次修正；2020年4月29日第十三届全国人民代表大会常务委员会第十七次会议第二次修订。

第十七条 建设产生、贮存、利用、处置固体废物的项目，应当依法进行环境影响评价，并遵守国家有关建设项目环境保护管理的规定。

第十八条 建设项目的环境影响评价文件确定需要配套建设的固体废物污染环境防治

设施，应当与主体工程同时设计、同时施工、同时投入使用。建设项目的初步设计，应当按照环境保护设计规范的要求，将固体废物污染环境防治内容纳入环境影响评价文件，落实防治固体废物污染环境和破坏生态的措施以及固体废物污染环境防治设施投资概算。

建设单位应当依照有关法律法规的规定，对配套建设的固体废物污染环境防治设施进行验收，编制验收报告，并向社会公开。

第十九条 收集、贮存、运输、利用、处置固体废物的单位和其他生产经营者，应当加强对相关设施、设备和场所的管理和维护，保证其正常运行和使用。

第二十条 产生、收集、贮存、运输、利用、处置固体废物的单位和其他生产经营者，应当采取防扬散、防流失、防渗漏或者其他防止污染环境的措施，不得擅自倾倒、堆放、丢弃、遗撒固体废物。禁止任何单位或者个人向江河、湖泊、运河、渠道、水库及其最高水位线以下的滩地和岸坡以及法律法规规定的其他地点倾倒、堆放、贮存固体废物。

第二十一条 在生态保护红线区域、永久基本农田集中区域和其他需要特别保护的区域内，禁止建设工业固体废物、危险废物集中贮存、利用、处置的设施、场所和生活垃圾填埋场。

四、生态保护相关法律规定

（一）《中华人民共和国水土保持法》

《中华人民共和国水土保持法》是人们在预防和治理水土流失活动中应遵循的法律。于1991年6月29日第七届全国人民代表大会常务委员会第二十次会议通过，2010年12月25日第十一届全国人民代表大会常务委员会第十八次会议修订。

第二十六条 依法应当编制水土保持方案的生产建设项目，生产建设单位未编制水土保持方案或者水土保持方案未经水行政主管部门批准的，生产建设项目不得开工建设。

第二十七条 依法应当编制水土保持方案的生产建设项目中的水土保持设施，应当与主体工程同时设计、同时施工、同时投产使用；生产建设项目竣工验收，应当验收水土保持设施；水土保持设施未经验收或者验收不合格的，生产建设项目不得投产使用。

第二十八条 依法应当编制水土保持方案的生产建设项目，其生产建设活动中排弃的砂、石、土、矸石、尾矿、废渣等应当综合利用；不能综合利用，确需废弃的，应当堆放在水土保持方案确定的专门存放地，并采取措施保证不产生新的危害。

第三十二条 开办生产建设项目或者从事其他生产建设活动造成水土流失的，应当进行治理。

第三十八条 对生产建设活动所占用土地的地表土应当进行分层剥离、保存和利用，做到土石方挖填平衡，减少地表扰动范围；对废弃的砂、石、土、矸石、尾矿、废渣等存放地，应当采取拦挡、坡面防护、防洪排导等措施。生产建设活动结束后，应当及时在取土场、开挖面和存放地的裸露土地上植树种草、恢复植被，对闭库的尾矿库进行复垦。

在干旱缺水地区从事生产建设活动，应当采取防止风力侵蚀措施，设置降水蓄渗设施，充分利用降水资源。

（二）《中华人民共和国湿地保护法》

为了加强湿地保护，维护湿地生态功能及生物多样性，保障生态安全，促进生态文明建设，实现人与自然和谐共生，2021年12月24日第十三届全国人民代表大会常务委员会第三十二次会议通过了《中华人民共和国湿地保护法》。国家对湿地实行分级管理和名录制度。该法第三条 湿地保护应当坚持保护优先、严格管理、系统治理、科学修复、合理利用的原则，发挥湿地涵养水源、调节气候、改善环境、维护生物多样性等多种生态功能。

（三）《中华人民共和国长江保护法》

为加大对大江大河的生态保护，2020年12月26日，第十三届全国人民代表大会常务委员会第二十四次会议通过了《中华人民共和国长江保护法》。

第一条 为了加强长江流域生态环境保护和修复，促进资源合理高效利用，保障生态安全，实现人与自然和谐共生、中华民族永续发展，制定本法。

第三条 长江流域经济社会发展，应当坚持生态优先、绿色发展，共抓大保护、不搞大开发；长江保护应当坚持统筹协调、科学规划、创新驱动、系统治理。

（四）《中华人民共和国野生动物保护法》

《中华人民共和国野生动物保护法》为保护、拯救珍贵、濒危野生动物，保护、发展和合理利用野生动物资源，维护生态平衡而制定。经1988年11月8日七届全国人大常委会第四次会议通过，自1989年3月1日起施行；2004年8月28日，第十届全国人民代表大会常务委员会第十一次会议《关于修改〈中华人民共和国野生动物保护法〉的决定》第一次修正；2009年8月27日，第十一届全国人民代表大会常务委员会第十次会议《关于修改部分法律的决定》第二次修正；2016年7月2日，第十二届全国人民代表大会常务委员会第二十一次会议修订；2018年10月26日，第十三届全国人民代表大会常务委员会第六次会议《关于修改〈中华人民共和国野生动物保护法〉等十五部法律的决定》第三次修正。

第五条 国家保护野生动物及其栖息地。县级以上人民政府应当制定野生动物及其栖息地相关保护规划和措施，并将野生动物保护经费纳入预算。

第六条 任何组织和个人都有保护野生动物及其栖息地的义务。禁止违法猎捕野生动物、破坏野生动物栖息地。

第十条 国家对野生动物实行分类分级保护。国家对珍贵、濒危的野生动物实行重点保护。国家重点保护的野生动物分为一级保护野生动物和二级保护野生动物。

第十二条 国务院野生动物保护主管部门应当会同国务院有关部门，根据野生动物及其栖息地状况的调查、监测和评估结果，确定并发布野生动物重要栖息地名录。

省级以上人民政府依法划定相关自然保护区域，保护野生动物及其重要栖息地，保护、恢复和改善野生动物生存环境。

第十三条 禁止在相关自然保护区域建设法律法规规定不得建设的项目。机场、铁路、公路、水利水电、围堰、围填海等建设项目的选址选线，应当避让相关自然保护区域、野生动物迁徙洄游通道；无法避让的，应当采取修建野生动物通道、过鱼设施等措施，消除或者减少对野生动物的不利影响。

建设项目可能对相关自然保护区域、野生动物迁徙洄游通道产生影响的，环境影响评价文件的审批部门在审批环境影响评价文件时，涉及国家重点保护野生动物的，应当征求国务院野生动物保护主管部门意见；涉及地方重点保护野生动物的，应当征求省、自治区、直辖市人民政府野生动物保护主管部门意见。

（五）《中华人民共和国野生植物保护条例》

《中华人民共和国野生植物保护条例》是为保护、发展和合理利用野生植物资源，保护生物多样性，维护生态平衡而制定。于 1996 年 9 月 30 日国务院令第 204 号发布，2017 年 10 月 7 日国务院令第 687 号《国务院关于修改部分行政法规的决定》修正。

第七条　任何单位和个人都有保护野生植物资源的义务，对侵占或者破坏野生植物及其生长环境的行为有权检举和控告。

第九条　国家保护野生植物及其生长环境。禁止任何单位和个人非法采集野生植物或者破坏其生长环境。

第十条　野生植物分为国家重点保护野生植物和地方重点保护野生植物。

国家重点保护野生植物分为国家一级保护野生植物和国家二级保护野生植物。

第十一条　在国家重点保护野生植物物种和地方重点保护野生植物物种的天然集中分布区域，应当依照有关法律、行政法规的规定，建立自然保护区；在其他区域，县级以上地方人民政府野生植物行政主管部门和其他有关部门可以根据实际情况建立国家重点保护野生植物和地方重点保护野生植物的保护点或者设立保护标志。

第十三条　建设项目对国家重点保护野生植物和地方重点保护野生植物的生长环境产生不利影响的，建设单位提交的环境影响报告书中必须对此作出评价；环境保护部门在审批环境影响报告书时，应当征求野生植物行政主管部门的意见。

第十四条　野生植物行政主管部门和有关单位对生长受到威胁的国家重点保护野生植物和地方重点保护野生植物应当采取拯救措施，保护或者恢复其生长环境，必要时应当建立繁育基地、种质资源库或者采取迁地保护措施。

（六）《中华人民共和国自然保护区条例》

《中华人民共和国自然保护区条例》是为加强自然保护区的建设和管理，保护自然环境和自然资源而制定。于 1994 年 10 月 9 日国务院令第 167 号发布，2017 年 10 月 7 日国务院令第 687 号修改。

第十一条　自然保护区分为国家级自然保护区和地方级自然保护区。

第二十六条　禁止在自然保护区内进行砍伐、放牧、狩猎、捕捞、采药、开垦、烧荒、开矿、采石、挖沙等活动；但是，法律、行政法规另有规定的除外。

第二十七条　禁止任何人进入自然保护区的核心区。因科学研究的需要，必须进入核心区从事科学研究观测、调查活动的，应当事先向自然保护区管理机构提交申请和活动计划，并经自然保护区管理机构批准；其中，进入国家级自然保护区核心区的，应当经省、自治区、直辖市人民政府有关自然保护区行政主管部门批准。

第二十八条　禁止在自然保护区的缓冲区开展旅游和生产经营活动。因教学科学研究的目的，需要进入自然保护区的缓冲区从事非破坏性的科学研究、教学实习和标本采集活动的，应当事先向自然保护区管理机构提交申请和活动计划，经自然保护区管理机构批准。

从事前款活动的单位和个人，应当将其活动成果的副本提交自然保护区管理机构。

第三十二条 在自然保护区的核心区和缓冲区内，不得建设任何生产设施。在自然保护区的实验区内，不得建设污染环境、破坏资源或者景观的生产设施；建设其他项目，其污染物排放不得超过国家和地方规定的污染物排放标准。在自然保护区的实验区内已经建成的设施，其污染物排放超过国家和地方规定的排放标准的，应当限期治理；造成损害的，必须采取补救措施。

在自然保护区的外围保护地带建设的项目，不得损害自然保护区内的环境质量；已造成损害的，应当限期治理。

五、自然资源保护相关法律规定

（一）土地资源保护

《中华人民共和国土地管理法》为了践行绿水青山就是金山银山理念，保护、培育和合理利用森林资源，加快国土绿化，保障森林生态安全，建设生态文明，实现人与自然和谐共生而制定。于 1984 年 9 月 20 日第六届全国人民代表大会常务委员会第七次会议通过。（1998 年 4 月 29 日第九届全国人民代表大会常务委员会第二次会议《关于修改〈中华人民共和国森林法〉的决定》修正；2019 年 12 月 28 日第十三届全国人民代表大会常务委员会第十五次会议修订。）

第四条 国家实行土地用途管制制度。

国家编制土地利用总体规划，规定土地用途，将土地分为农用地、建设用地和未利用地。严格限制农用地转为建设用地，控制建设用地总量，对耕地实行特殊保护。

使用土地的单位和个人必须严格按照土地利用总体规划确定的用途使用土地。

第三十条 国家保护耕地，严格控制耕地转为非耕地。

国家实行占用耕地补偿制度。非农业建设经批准占用耕地的，按照"占多少，垦多少"的原则，由占用耕地的单位负责开垦与所占用耕地的数量和质量相当的耕地；没有条件开垦或者开垦的耕地不符合要求的，应当按照省、自治区、直辖市的规定缴纳耕地开垦费，专款用于开垦新的耕地。

省、自治区、直辖市人民政府应当制定开垦耕地计划，监督占用耕地的单位按照计划开垦耕地或者按照计划组织开垦耕地，并进行验收。

第三十一条 县级以上地方人民政府可以要求占用耕地的单位将所占用耕地耕作层的土壤用于新开垦耕地、劣质地或者其他耕地的土壤改良。

第三十三条 国家实行基本农田保护制度。

关于基本农田保护制度，《中华人民共和国土地管理法》、《中华人民共和国基本农田保护条例》和国土资源部制定的有关规章对基本农田保护制度作了规定。这些制度概括起来主要有以下几个方面：

（1）基本农田保护规划制度。各级人民政府在编制土地利用总体规划时，应将基本农田保护作为规划的一项重要内容，明确基本农田保护的布局安排、数量指标和质量要求。

（2）基本农田保护区制度。县级和乡（镇）土地利用总体规划应当确定基本农田保护区。保护区以乡（镇）为单位划区定界，由县级人民政府设立保护标志，予以公告。

（3）占用基本农田审批制度。基本农田保护区经依法规定后，任何单位和个人不得改变或者占用。国家能源、交通、水利、军事等重点建设项目选址确实无法避开基本农田保护区，需要占用基本农田，必须报国务院批准。

（4）基本农田占补平衡制度。建设占用多少基本农田，就必须补划数量相等、质量相当的耕地，确保本行政区域内土地利用总体规划确定的基本农田面积不减少。

（5）基本农田保护区用途管理制度：国家对基本农田保护区实行严格的用途管制。基本农田保护区不得用于各项非农业建设；禁止任何单位和个人在基本农田保护区内建房、建坟、挖塘、采石、采沙、取土、堆放固体废弃物或者进行其他破坏基本农田的活动；禁止任何单位和个人占用基本农田发展林果业或者挖塘养鱼。

（6）基本农田保护责任制度。县级以上地方各级人民政府都要承担基本农田保护的责任。要通过层层签订基本农田保护责任书，将基本农田保护的责任落实到人、落实到地块，并作为考核政府领导干部政绩的重要内容。

（7）基本农田监督检查制度。县级以上地方人民政府定期组织土地行政主管部门、农业行政直管部门以及其他有关部门对基本农田保护情况进行检查，建立基本农田动态检查网络，开展基本农田巡回检查，做好基本农田的年度统计核查，准确掌握基本农田变化情况，及时发现和纠正占用基本农田的违法违规行为。

（二）《中华人民共和国森林法》

《中华人民共和国森林法》为了践行绿水青山就是金山银山理念，保护、培育和合理利用森林资源，加快国土绿化，保障森林生态安全，建设生态文明，实现人与自然和谐共生而制定。于1984年9月20日第六届全国人民代表大会常务委员会第七次会议通过，1998年4月29日第九届全国人民代表大会常务委员会第二次会议《关于修改〈中华人民共和国森林法〉的决定》修正；2019年12月28日第十三届全国人民代表大会常务委员会第十五次会议修订。

第三十七条 矿藏勘查、开采以及其他各类工程建设，应当不占或者少占林地；确需占用林地的，应当经县级以上人民政府林业主管部门审核同意，依法办理建设用地审批手续。

占用林地的单位应当缴纳森林植被恢复费。森林植被恢复费征收使用管理办法由国务院财政部门会同林业主管部门制定。

县级以上人民政府林业主管部门应当按照规定安排植树造林，恢复森林植被，植树造林面积不得少于因占用林地而减少的森林植被面积。上级林业主管部门应当定期督促下级林业主管部门组织植树造林、恢复森林植被，并进行检查。

（三）《中华人民共和国渔业法》

《中华人民共和国渔业法》为了加强渔业资源的保护、增殖、开发和合理利用，发展人工养殖，保障渔业生产者的合法权益，促进渔业生产的发展，适应社会主义建设和人民生活的需要而制定。1986年1月20日第六届全国人民代表大会常务委员会第十四次会议通过，2000 年 10 月 31 日第九届全国人民代表大会常务委员会第十八次会议《关于修改〈中华人民共和国渔业法〉的决定》第一次修正；2004 年 8 月 28 日第十届全国人民代表大会常务委员会第十一次会议《关于修改〈中华人民共和国渔业法〉的决定》第二次修正；2009 年 8 月 27 日第十一届全国人民代表大会常务委员会第十次会议《关于修改部分法律的决定》第三次修正；2013 年 12 月 28 日第十二届全国人民代表大会常务委员会第六次会议《关于修改〈海洋环境保护法〉等七部法律的决定》第四次修正。

第三十二条　在鱼、虾、蟹洄游通道建闸、筑坝，对渔业资源有严重影响的，建设单位应当建造过鱼设施或者采取其他补救措施。

第三十五条　进行水下爆破、勘探、施工作业，对渔业资源有严重影响的，作业单位应当事先同有关县级以上人民政府渔业行政主管部门协商，采取措施，防止或者减少对渔业资源的损害；造成渔业资源损失的，由有关县级以上人民政府责令赔偿。

第四节　环境保护政策体系

一、环境保护政策制度

中华人民共和国成立后的相当一个时期，我们没有意识到环境问题的重要性，但是环境问题不以人的意志为转移。忽视环境保护，人类社会必将为自身的发展而付出代价。随着环境问题的凸现，1973 年 8 月国务院召开第一次全国环境保护会议，提出了"全面规划、合理布局，综合利用、化害为利，依靠群众、大家动手，保护环境、造福人民"的 32 字环保工作方针。1974 年 10 月，国务院环境保护领导小组正式成立，主要职责是：负责制定环境保护的方针、政策和规定，审定全国环境保护规划，组织协调和督促检查各地区、各部门的环境保护工作。经过多年的发展，我国的环境保护政策已经形成了一个完整的体系，具体包括三大政策八项制度，即"预防为主，防治结合""谁污染，谁治理""强化环境管理"这三项政策和"环境影响评价""三同时""排污收费""环境保护目标责任制""城市环境综合整治定量考核""排污申报登记与许可证""限期治理""污染集中控制"等八项制度。

（一）三大政策

1. 预防为主，防治结合政策

环境保护政策是把环境污染控制在一定范围，通过各种方式达到有效率的防治污染水平。因此预先采取措施，避免或者减少对环境的污染和破坏，是解决环境问题的最有效率的办法。中国环境保护的主要目标就是在经济发展过程中，防止环境污染的产生和蔓延。其主要措施：把环境保护纳入国家和地方的中长期及年度国民经济和社会发展计划，对开发建设项目实行环境影响评价制度和"三同时"制度。

2. 谁污染，谁治理政策

从环境经济学的角度看，环境是一种稀缺性资源，又是一种共有资源，为了避免"共有地悲剧"，必须由环境破坏者承担治理成本。这也是国际上通用的污染者付费原则的体现，即由污染者承担其污染的责任和费用。其主要措施有：对超过排放标准向大气、水体等排放污染物的企事业单位征收超标排污费，专门用于防治污染；对严重污染的企事业单位实行限期治理；结合企业技术改造防治工业污染。

3. 强化环境管理政策

由于交易成本的存在，外部性无法通过私人市场进行协调而得以解决。解决外部性问题需要依靠政府的作用。污染是一种典型的外部行为，因此政府必须介入环境保护中来，担当管制者和监督者的角色，与企业一起进行环境治理。强化环境管理政策的主要目的是通过强化政府和企业的环境治理责任，控制和减少因管理不善带来的环境污染和破坏。其主要措施有：逐步建立和完善环境保护法规与标准体系，建立健全各级政府的环境保护机构及国家和地方监测网络；实行地方各级政府环境目标责任制；对重要城市实行环境综合整治定量考核。

（二）八项制度

1. 环境保护目标责任制

环境保护目标责任制，是通过签订责任书的形式，具体落实地方各级人民政府和有污染的单位对环境质量负责的行政管理制度。这一制度明确了一个区域、一个部门及至一个单位环境保护的主要责任者和责任范围，理顺了各级政府和各个部门在环境保护方面的关系，从而使改善环境质量的任务能够得到层层落实。这是我国环境环保体制的一项重大改革。

2. 城市环境综合整治定量考核

城市环境综合定量考核，是我国在总结近年来开展城市环境综合整治实践经验的基础上形成的一项重要制度，它是通过定量考核对城市政府在推行城市环境综合整治中的活动予以管理和调整的一项环境监督管理制度。

3. 污染集中控制

污染集中控制是在一个特定的范围内，为保护环境所建立的集中治理设施和所采用的管理措施，是强化环境管理的一项重要手段。污染集中控制，应以改善区域环境质量为目的，依据污染防治规划，按照污染物的性质、种类和所处的地理位置，以集中治理为主，用最小的成本取得最佳效果。

4. 限期治理制度

限制治理制度，是指对污染危害严重，群众反映强烈的污染区域采取的限定治理时间、治理内容及治理效果的强制性行政措施。

5. 排污收费制度

排污收费制度，是指一切向环境排放污染物的单位和个体生产经营者，按照国家的规定和标准，缴纳一定费用的制度。我国从1982年开始全面推行排污收费制度到现在，全国各地普遍开展了征收排污费工作。目前，我国征收排污的项目有污水、废气、固废、噪声、放射性废物五大类113项。

6. 环境影响评价制度

环境影响评价制度，是贯彻预防为主的原则，防止新污染，保护生态环境的一项重要的法律制度。环境影响评价，是指对规划和建设项目实施后可能造成的环境影响进行分析、预测和评估，提出预防或者减轻不良环境影响的对策和措施，进行跟踪监测的方法与制度。

7. "三同时"制度

"三同时"制度是新建、改建、扩建项目和技术改造项目以及区域性开发建设项目的污染防治设施必须与主体工程同时设计、同时施工、同时投产的制度。

8. 排污申报登记与许可证制度

排污申报登记制度，是指凡是向环境排放污染物的单位，必须按规定程序向环境保护行政主管部门申报登记所拥有的排污设施、污染物处理设施及正常作业情况下排污的种类、数量和浓度的一项行政管理制度。排污申报登记是实行排污许可证制度的基础。排污许可证制度，是以改善环境质量为目标，以污染总量控制为基础，规定排污单位许可排放污染物的种类、数量、浓度、方式等的一项新的环境管理制度。

二、新阶段生态文明建设方略

十八大以来，以习近平同志为核心的党中央坚持将生态文明建设作为"五位一体"总体布局的一个重要部分，先后印发了《关于加快推进生态文明建设的意见》和《生态文明体制改革总体方案》，强调要建立系统完整的生态文明制度体系，提出"创新、协调、绿色、开放、共享"的新发展理念，把推动形成绿色发展方式和生活方式摆在更加突出的位置，中国的生态环境治理走上了标本兼治的快速路。

2018 年 5 月 18—19 日，全国生态环境保护大会在北京召开，大会对加强生态环境保护、打好污染防治攻坚战作出部署，动员全党全国全社会一起努力，推动我国生态文明建设迈上新台阶。

（一）总体要求

党的十九大设计了美丽中国建设的阶段性目标，十九大报告把"和谐美丽的社会主义现代化强国"纳入新时代中国特色社会主义思想，把"坚持人与自然和谐共生"纳入新时代坚持和发展中国特色社会主义的基本方略，将环境问题的解决纳入了党的战略发展目标。针对以人民为中心的需要，十九大报告提出"永远把人民对美好生活的向往作为奋斗目标"；针对国家的发展，十九大报告提出"为把我国建设成为富强民主文明和谐美丽的社会主义现代化强国而奋斗"。无论是美好生活还是美丽中国，都包括了对美好生态环境的考量。可见，美好生活的向往和美丽国家的建设已经成为全党和全社会的共识，成为了各界共同奋斗的目标。在具体目标的设计上，十九大报告指出，第一个阶段，从二〇二〇年到二〇三五年，在全面建成小康社会的基础上，再奋斗十五年，基本实现社会主义现代化。其中，生态环境根本好转，美丽中国目标基本实现。第二个阶段，从二〇三五年到 21世纪中叶，在基本实现现代化的基础上，再奋斗十五年，把我国建成富强民主文明和谐美丽的社会主义现代化强国，美丽中国全面、高质量的实现。

习近平总书记在 2018 年全国生态环境保护大会上强调，生态文明建设的成效并不稳固。生态文明建设正处于压力叠加、负重前行的关键期，已进入提供更多优质生态产品以满足人民日益增长的优美生态环境需要的攻坚期。对于新时代的生态环境保护任务，党的十九大做出了推进绿色发展、着力解决突出环境问题、加大生态系统保护力度、改革生态环境监管体制、坚决制止和惩处破坏生态环境行为等行动部署，要求打好污染防治攻坚战和自然生态保卫战，久久为功，为保护生态环境做出我们这代人的努力。

（二）基本原则

新时代推进生态文明建设必须坚持六大国际国内的新型原则：

一是坚持人与自然和谐共生，坚持节约优先、保护优先、自然恢复为主的方针，高度重视生态环境保护。

二是绿水青山就是金山银山，贯彻创新、协调、绿色、开放、共享的发展理念，加快形成节约资源和保护环境的空间格局、产业结构、生产方式、生活方式，给自然生态留下休养生息的时间和空间。

三是良好生态环境是最普惠的民生福祉，坚持生态惠民、生态利民、生态为民，重点解决损害群众健康的突出环境问题，不断满足人民日益增长的优美生态环境需要。

四是山水林田湖草是生命共同体，要统筹兼顾、整体施策、多措并举，全方位、全地域、全过程开展生态文明建设。

五是用最严格制度最严密法治保护生态环境，加快制度创新，强化制度执行，让制度成为刚性的约束和不可触碰的高压线。

六是共谋全球生态文明建设，深度参与全球环境治理，形成世界环境保护和可持续发展的解决方案，引导应对气候变化国际合作。

（三）国土空间管控

2013年5月，习近平总书记在中央政治局第6次集体学习时强调要划定并严守生态保护红线。《中共中央关于全面深化改革若干重大问题的决定》《生态文明体制改革总体方案》等重要文件都明确要求划定生态保护红线。《中华人民共和国环境保护法》第二十九条规定，国家在重点生态功能区、生态环境敏感区和脆弱区等区域划定生态保护红线，实行严格保护。

2016年11月，习近平总书记主持召开中央全面深化改革领导小组第29次会议，审议通过了《关于划定并严守生态保护红线的若干意见》。2017年1月，中共中央办公厅、国务院办公厅印发了《关于划定并严守生态保护红线的若干意见》（厅字〔2017〕2号）。

生态保护红线是指在生态空间范围内具有特殊重要生态功能、必须强制性严格保护的区域，是保障和维护区域生态安全的底线和生命线。划定并严守生态保护红线，是贯彻落实主体功能区制度、实施生态空间用途管制的重要举措，是提高生态产品供给能力和生态系统服务功能、构建国家生态安全格局的有效手段，是健全生态文明制度体系、推动绿色发展的有力保障。

生态保护红线原则上按禁止开发区域的要求进行管理，严禁不符合主体功能定位的各类开发活动，严禁任意改变用途。相关规划要做到与生态保护红线的衔接，并符合生态保护红线空间管控要求，不符合的要及时进行调整。空间规划编制要将生态保护红线作为重要基础，发挥生态保护红线对国土空间开发的底线作用。

（四）高质量发展

党的十九大报告中提出的"建立健全绿色低碳循环发展的经济体系"为新时代下高质量发展指明了方向，同时也提出了一个极为重要的时代课题。高质量发展根本在于经济的活力、创新力和竞争力。而经济发展的活力、创新力和竞争力都与绿色发展紧密相连，密不可分。离开绿色发展，经济发展便丧失了活水源头而失去了活力；离开绿色发展，经济发展的创新力和竞争力也就失去了根基和依托。绿色发展是我国从速度经济转向高质量发展的重要标志。

高质量发展是贯彻新发展理念的根本体现。发展理念是否对头，从根本上决定着发展成效乃至成败。党的十八大以来，以习近平同志为核心的党中央直面我国经济发展的深层次矛盾和问题，提出创新、协调、绿色、开放、共享的新发展理念。只有贯彻新发展理念才能增强发展动力，推动高质量发展。

新时代生态文明建设的治本之策在于全面推动绿色发展。习近平总书记指出，绿色发展是构建高质量现代化经济体系的必然要求，是解决污染问题的根本之策。从长远看，要适时推进生态文明体制改革，深化生态文明建设的体制机制创新，为可持续性成为生产力、绿色生态有利可图提供制度保障，推动更多城市和区域实现绿水青山就是金山银山。要充分运用市场化手段，完善资源环境价格机制，推动外部环境成本内部化的政策创新，实施绿色认证制度，使绿色、生态成为附加价值的组成部分。协同发挥政府主导和企业主体作用，健全多元环保投入机制，采取多种方式支持政府和社会资本合作项目，引导社会资本投向绿色发展领域。实现生产系统和生活系统循环链结，倡导简约适度、绿色低碳的生活方式，鼓励绿色消费，推动绿色发展方式和生活方式的全面形成。

（五）严格生态环境执法督查

《环境保护法》《大气污染防治法》《水污染防治法》《土壤污染防治法》《环境影响评价法》《环境保护税法》《核安全法》等多部法律完成制定修订。尤其是新的《环境保护法》从2015年开始实施后，一些新的规定、新的机制在推动企业守法方面发挥了很好的作用。

开展重点区域大气污染综合治理攻坚、落实《禁止洋垃圾入境推进固体废物进口管理制度改革实施方案》、打击固体废物及危险废物非法转移和倾倒、垃圾焚烧发电行业达标排放、城市黑臭水体整治及城镇和园区污水处理设施建设、集中式饮用水水源地环境整治、"绿盾"国家级自然保护区监督检查七大专项行动，作为全面打响污染防治攻坚战的标志性工程，推动了移动执法系统建设与应用，实现国家、省、市、县四级现场执法检查数据联网。

最高人民法院和最高人民检察院的司法解释降低环境入罪门槛，最高人民法院成立环境资源审判庭。2016年1月4日，被称为"环保钦差"的中央环保督察组正式亮相，中央环保督察组由环保部牵头成立，中纪委、中组部的相关领导参加，是代表党中央、国务院对各省（自治区、直辖市）党委和政府及其有关部门开展的环境保护督察。中央环保督察启动后，开始省以下环保机构监测监察执法垂直管理制度改革试点，建成由352个监控中心、10257个国家重点监控企业组成的污染源监控体系。仅2016年，全国各级环保部门下达行政处罚决定 12.4 万余份，罚款 66.3 亿元。全国实施按日连续处罚、查封扣押、限产停产、移送行政拘留、移送涉嫌环境污染犯罪案件共 22730 件。同年，中央环保督察组全年共进驻 16 个省份，分别展开为期约一个月的督察工作，受理群众举报 3.3 万件，约谈 6307 人，问责 6454 人。

（六）加大环境治理力度

十八大后污染治理力度之大前所未有。从 2013 年起，中国政府陆续发布《大气污染防治行动计划》《水污染防治行动计划》《土壤污染防治行动计划》《"十三五"生态环境保护规划》《控制污染物排放许可制实施方案》《循环经济发展战略及近期行动计划》等环境保护规划，坚决向污染宣战。

把解决突出生态环境问题作为民生优先领域，坚决打赢蓝天保卫战，以空气质量明显改善为刚性要求，强化联防联控，基本消除重污染天气，还老百姓蓝天白云、繁星闪烁。深入实施水污染防治行动计划，保障饮用水安全，基本消灭城市黑臭水体，还给老百姓清水绿岸、鱼翔浅底的景象。全面落实土壤污染防治行动计划，突出重点区域、行业和污染物，强化土壤污染管控和修复，有效防范风险，让老百姓吃得放心、住得安心。持续开展农村人居环境综合治理，打造美丽乡村，为老百姓留住鸟语花香、田园风光。

2021 年，生态环境保护实现"十四五"起步之年的良好开局。扎实推进蓝天保卫战，全国 1.45 亿 t 钢铁产能完成全流程超低排放改造，北方地区完成散煤治理约 420 万户。新增完成 1.6 万个行政村环境整治。全面开展中央生态环境保护督察。全国纳入监督执法正面清单企业达 3.1 万多家，开展非现场检查 7.1 万余次。全国碳排放权交易市场启动上线交易，第一个履约周期顺利结束。

（七）促进人与自然和谐共生

大自然是人类赖以生存发展的基本条件。尊重自然、顺应自然、保护自然，是全面建设社会主义现代化国家的内在要求。必须牢固树立和践行绿水青山就是金山银山的理念，站在人与自然和谐共生的高度谋划发展。

我们要推进美丽中国建设，坚持山水林田湖草沙一体化保护和系统治理，统筹产业结构调整、污染治理、生态保护、应对气候变化，协同推进降碳、减污、扩绿、增长，推进生态优先、节约集约、绿色低碳发展。

我们要加快发展方式绿色转型，实施全面节约战略，发展绿色低碳产业，倡导绿色消费，推动形成绿色低碳的生产方式和生活方式。深入推进环境污染防治，持续深入打好蓝天、碧水、净土保卫战，基本消除重污染天气，基本消除城市黑臭水体，加强土壤污染源头防控，提升环境基础设施建设水平，推进城乡人居环境整治。提升生态系统多样性、稳定性、持续性，加快实施重要生态系统保护和修复重大工程，实施生物多样性保护重大工程，推行草原森林河流湖泊湿地休养生息，实施好长江十年禁渔，健全耕地休耕轮作制度，防治外来物种侵害。积极稳妥推进碳达峰、碳中和，立足我国能源资源禀赋，坚持先立后破，有计划分步骤实施碳达峰行动，深入推进能源革命，加强煤炭清洁高效利用，加快规划建设新型能源体系，积极参与应对气候变化全球治理。

思 考 题

2-1 环境影响评价工作（制度）经历了哪些发展过程？

2-2 环境保护标准有哪些？

2-3 建设项目环境影响评价文件分为几类？

2-4 我国的环境保护政策包括哪些方面？

第三章 水利工程建设环境保护监理

第一节 环境保护监理概述

我国早期环境保护行为指的是环境监察，是一种政府行为。环境监察是一种具体的、直接的、"微观"的环境保护执法行为，是生态环境主管部门实施统一监督、强化执法的主要途径之一，是中国社会主义市场经济条件下实施环境监督管理的重要举措。

水利工程建设环境保护监理是指环境保护监理单位受项目法人（业主）委托，遵照国家和地方环境保护的法律、法规，根据经批准的水利工程环境影响评价文件、施工承包合同中有关环境保护的条款和项目法人签订的水利工程建设环境保护监理合同，对水利工程建设的环境实施监督管理的行为。监理单位应对建设项目实施专业化的环境保护咨询和技术服务，协助和指导建设单位全面落实建设项目各项环保措施。

一、水利工程建设环境保护监理的目的、功能及发展现状

水利工程建设环境保护要求越来越严格，但是措施落实却不尽如人意。因此加强水利工程的环境保护监理工作急不可待。

（一）水利工程建设环境保护监理的目的

水利工程建设环境保护监理的根本目的是通过过程控制，落实环境影响评价文件和环境保护设计的保护措施，防止环境污染和生态破坏，满足工程竣工环境保护验收要求，实现工程建设项目环保目标。

（二）水利工程建设项目环境监理的主要功能

水利工程建设项目环境监理单位受建设单位委托，承担全面核实设计文件与环境影响评价文件及其批复文件的相符性任务；依据环境影响评价文件及其批复文件，督查项目施工过程中各项环保措施的落实情况；指导施工单位落实好环保知识宣传、培训和施工期各项环保措施，确保环保"三同时"的有效执行；发挥环境监理单位在环保技术及环境管理方面的业务优势，搭建环保信息交流平台，建立环保沟通、协调、会商机制；环境保护行政主管部门针对项目"三同时"开展监督检查时，协助建设单位做好配合工作；工程完工后，协助建设单位做好竣工环保验收工作。

水利工程环境保护监理是工程建设的一项重要工作内容，是规范施工、科学管理、改善环境的一项有力措施，通过对工程全过程的环境监督管理，有效确保各项环境保护措施顺利落实，从而减少项目业主的工作压力，减轻工程实施对环境的不利影响，并将环境影响的损失降低到最小程度；同时在提升各方的环保意识、监督各方在建设中实施环境综合治理以及科学地用好环境治理费用等方面都是一项有效的管理措施，也是国家水利部及环

境保护行政主管部门规范水利工程实施和进一步强化环境治理的有效管理办法。

（三）水利工程环境保护监理的发展现状

我国水利工程实行建设项目环境保护监理是从 1995 年开始的，首先是在世界银行贷款大型项目——黄河小浪底工程中引进了工程环境监理管理模式。1995 年 9 月，环境监理工程师进驻工地，在施工区和移民安置区开展了环境监理工作，这在我国水利工程建设中尚属首次。随后，1997 年在山西省万家寨引黄工程中试行环境保护监理管理模式。

2002 年，国家环保总局、铁道部、交通部、水利部等六部委联合发出通知，为贯彻《建设项目环境保护管理条例》，落实国务院第五次全国环境保护会议的精神，严格执行环境保护"三同时"制度，进一步加强建设项目设计和施工阶段的环境管理，控制施工阶段的环境污染和生态破坏，逐步推行施工期工程环境监理制度，决定在生态环境影响突出的如青藏铁路、西气东输管道工程等 13 个国家重点工程中进行环境保护监理试点，其中有 6 个是水利水电工程。

以此为起点，全国各地各部门相继出台了一些关于开展环境监理工作的文件，并选择在一些生态影响类的大型建设项目中开展了环境监理工作。2004 年，《关于开展交通环境监理工作的通知》（交环发〔2004〕314 号）、《关于在建设项目中推行环境监理的通知》（浙环发〔2004〕23 号）等一系列文件颁布，预示着环境保护体系开始重视环境监理工作。海南省"三亚大隆水库工程"是首个海南省对大型水利工程进行环境监理的案例。

2006 年 11 月，水利部颁发的《水利工程建设监理规定》（水利部令第 28 号）中规定：所称水利工程建设监理，是指具有相应资质的水利工程建设监理单位（以下简称监理单位），受项目法人（建设单位，下同）委托，按照监理合同对水利工程建设项目实施中的质量、进度、资金、安全生产、环境保护等进行的管理活动，包括水利工程施工监理、水土保持工程施工监理、机电及金属结构设备制造监理、水利工程建设环境保护监理。

2006 年 11 月，水利部颁发了《水利工程建设监理单位资质管理办法》（水利部令第 29 号），明确要求在全国开展水利工程建设项目环境保护监理，并作为工程监理的重要组成部分，纳入工程监理管理体系。

2009 年 1 月，水利部印发了《关于开展水利工程建设环境保护监理工作的通知》（水资源〔2009〕7 号），通知中明确要求 2009 年 1 月 1 日后新开工建设的水利工程建设项目，必须按照本通知要求开展环境保护监理工作；2009 年 1 月 1 日前已开工建设的水利工程建设项目，也要结合具体情况，积极增加环境保护监理环节。

2010 年 6 月，环境保护部办公厅印发了《关于同意将辽宁省列为建设项目施工期环境监理工作试点省的复函》（环办函〔2010〕630 号）。

2012 年，环境保护部办公厅印发了《关于进一步推进建设项目环境监理试点工作的通知》（环办函〔2012〕5 号），通知要求进一步提高对建设项目环境监理工作重要性的认识，加快建设项目环境监理制度建设，要完善建设项目环境监理工作内容及主要功能，找准建设项目环境监理的定位，并要求加快推进建设项目环境监理试点工作，要求试点地区应根据当地环境特点、建设项目特征和环境管理实际需要，就建设项目环境监理管理和技术规范体系、环境监理市场化运作方式、环境监理机构准入、环境监理队伍建设、环境监理收费等进行全方位探索。

2015 年 12 月，环境保护部发布了《建设项目环境保护事中事后监督管理办法》（环发〔2015〕163 号），在国家层面正式明确了建设项目环境监理制度。2016 年 4 月，环境保护部发布了《关于废止〈关于进一步推进建设项目环境监理试点工作的通知〉的通知》（环办环评〔2016〕32 号），环境监理试点工作正式终止，环境监理工作正式纳入国家和各级环保部门环境管理工作内容。

为加强水利工程建设中的环境保护，规范环境保护措施的实施和管理，控制和防治环境污染，防止生态破坏，有效开展监理工作，规范环境保护监理行为。2017 年 9 月，中国水利工程协会发布了团体标准《水利工程施工环境保护监理规范》（T00/CWEA 3—2017），规范规定了水利工程施工环境保护监理机构、人员、工作任务、工作范围、工作内容和工作要求等，为水利工程施工环境保护监理工作标准化奠定了基础。

近几年，生态环境部（环境保护部）环境工程评估中心、中国水利工程协会等部门已举办多期环境监理人员培训班，为水利工程环境监理工作的开展储备人才。

二、水利工程环境保护监理的必要性

中国共产党第十九次全国代表大会上，习近平总书记代表第十八届中央委员会向大会作报告，报告中指出"必须树立和践行绿水青山就是金山银山的理念，坚持节约资源和保护环境的基本国策，像对待生命一样对待生态环境，统筹山水林田湖草系统治理，实行最严格的生态环境保护制度，形成绿色发展方式和生活方式，坚定走生产发展、生活富裕、生态良好的文明发展道路，建设美丽中国，为人民创造良好生产生活环境，为全球生态安全作出贡献。"

（一）实施环境保护监理是环境管理工作的需要

对大中型水利工程施工期间产生的"三废"排放、噪声污染、景观破坏、环境卫生质量下降等不利影响，如何做好环境管理，有效地组织和开展施工区域内的环境保护工作，则显得非常重要。过去的环境管理方式，由于和工程建设管理脱节，责任不清，起不到真正监督、检查等作用，使很多环境问题不能及时地得到解决，结果留下了许多"后遗症"。实践证明，在工程建设中引入环境保护监理，可以使环境管理工作融入到整个工程实践过程中，变事后管理为过程管理，变环境管理由单纯的强制性管理为强制性和指导性相结合的管理方式，从而使环境保护由被动治理污染变为主动预防和过程治理污染。

（二）实施环境保护监理是落实施工环境保护措施的重要保证

在大中型水利工程可行性研究阶段，施工环境影响评价是环境影响评价文件编制的重要内容之一。初步设计阶段，施工环境保护措施是环境保护设计篇章中不可缺少的内容。招投标阶段，合同中也包含有环境保护条款。但在工程进入实施阶段，如果缺少专职的监督管理机构和行之有效的管理办法，这些环境保护措施有可能流于形式，得不到真正实施。我国环境保护工作实践充分证明：在工程建设期间开展环境保护监理工作，是落实环境保护措施的重要保证。

（三）实施环境保护监理是工程建设本身的需要

环境监理单位作为经济独立的一方，独立于业主和承包人外，确保环境监管工作

按照工程要求进行，保证工程环境保护的实施效果。有利于促进环境保护工作的规范化，实现环境污染防治及区域生态环境保护，取得良好的经济效益、社会效益和环境效益。

在施工区域开展环境保护监理工作：①可以避免施工现场脏、乱、差等现象；②通过定期体检、提供安全合格的饮用水，保证了施工人员的身体健康；③由于环境保护监理的介入，施工活动对周边地区的环境影响如噪声、粉尘污染等问题得到及时的处理，可以妥善解决承包商和周边居民的环境问题纠纷；④在做好施工组织设计的前提下，可以保证弃渣、堆料一次到位，不致造成二次或多次返工等。因此，开展施工区环境保护监理既是保护环境的需要，也是工程建设的需要。

三、环境保护监理的目标、依据、范围和时段

（一）环境保护监理的目标

水利工程建设环境保护监理的主要目标为

（1）落实环境影响评价文件及其批复文件、环境保护设计中所确认的各项环境保护措施，使不利影响得到缓解或消除。

（2）保护人群健康，避免施工区传染病的暴发和流行。

（3）控制环境保护投资的有效利用。

（二）环境保护监理的依据

水利工程建设环境保护监理的主要依据为

（1）国家环境保护政策、法规和规章，规程、规范和标准。

（2）环境影响评价文件及其批复文件、环境保护设计等。

（3）施工合同中有关环境保护的条款和环境保护监理合同。

（4）经批准的工程环境保护技术文件及环境保护监理方案。

（三）环境保护监理的范围

水利工程建设环境保护监理的范围包括工程区域和工程影响区域，主要有各标段承包人及其分包人的施工现场、办公场所、生活营地、施工道路、附属设施等；以及在上述范围内的生产活动可能造成环境污染和生态破坏的周边区域和移民安置区域。

有时，项目法人也可将某些专业性较强的环境保护专项设施的施工监理任务委托给环境保护监理单位。

（四）环境保护监理的实施时段

为落实建设项目环境保护"三同时"制度，应对项目施工过程实行全过程环境保护监理。建设项目环境保护监理工作应与项目的"三通一平"同时开始，随项目的竣工验收而结束。

为了保证环境保护监理工作的质量，在所监理的施工项目（包括临时工作）招标前，项目法人应提前完成环境保护监理单位的委托工作。这样，在项目招标中，环境保护监理单位可以向项目法人提供施工环境保护方面的专业化服务，同时，也可保证环境保护监理单位在施工承包人进场前有必要的时间做好环境保护监理准备工作。

第二节 水利工程建设环境保护监理机构及其职责与权限

一、环境保护监理机构的职责与权限

环境保护监理单位与项目法人签订环境保护监理合同后，应组建提供现场服务的环境保护监理机构，全权代表环境保护监理单位履行环境保护监理合同义务。环境保护监理机构组建后，应将环境保护监理机构及人员名单、业务分工、授权范围报送项目法人并通知承包人，在环境保护监理工作开展前将基本工作程序、工作制度和工作方法等向承包人进行交底。环境保护监理机构配置的环境保护监理人员数量及专业必须满足环境保护监理工作需要，并根据项目特征及环境保护监理合同约定配备必要的设备和工具。

环境保护监理机构开展环境保护监理工作的职责权限因环境保护监理合同中的约定不同而有所区别，一般包括下列各项：

（1）审核承包人编制的施工组织设计中的相关环境保护措施计划和专项环境保护措施计划。

（2）参与工程施工监理机构组织的开工准备情况检查和开工申请审批等工作，检查开工阶段环境保护措施方案的落实情况。

（3）审核承包人编报的环境保护规章制度和环境保护责任制度。

（4）审核承包人的环境保护培训计划，并监督承包人对其工作人员进行环境保护知识培训。

（5）督促、检查承包人严格执行工程承包合同中有关环境保护的条款和国家环境保护的法律法规。

（6）监督承包人的环境保护措施的落实情况。

（7）检查施工现场环境保护情况，制止环境破坏行为。

（8）根据现场检查和环境监测单位提供的环境监测报告，对存在的环境问题及时要求承包人采取措施并整改。

（9）主持环境保护专题会议，协调施工活动与环境保护之间的冲突，参与工程建设中的重大环境问题的分析研究与处理。

（10）检查承包人环境保护相关档案资料和管理环境保护监理的文件档案。

（11）参加环境保护验收工作

（12）环境保护监理合同约定的其他职责。

为了保证环境保护监理工作的顺利进行，项目法人应在与承包人签订的施工合同中，明确承包人的环境保护义务和环境保护监理单位开展环境保护监理的权限。

二、环境保护监理单位与项目参建各方的工作关系

环境保护监理单位受项目法人的委托，在建设活动中开展环境保护监理工作，它与项目建设中和环境保护有关的各参建单位的工作关系如图3-1所示。

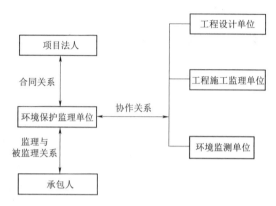

图 3-1　环境保护监理单位与其他参建单位的关系

（一）环境保护监理单位与项目法人的关系

环境保护监理单位与项目法人之间是委托与被委托的合同关系。在环境保护监理过程中，环境保护监理单位应按照环境保护监理合同约定行使合同权利并履行合同义务；应接受项目法人对其履行合同的监督管理，定期向项目法人提交环境保护监理报告；对现场发生的异常环境影响事件或重大环境影响事件应及时向项目法人报告。在环境保护监理工作完成后，向项目法人提交环境保护建立档案资料。

（二）环境保护监理单位与承包人的关系

环境保护监理单位与承包人是监理与被监理的关系。在工程建设中，环境保护监理单位有权对承包人的环境保护措施计划进行审核并对存在的问题给予纠正，检查承包人对环境保护措施的落实情况，检查施工现场的环境影响与保护情况，并对存在的问题要求承包人及时采取纠正措施。承包人应自觉接受环境保护监理机构的监督、检查，定期向环境保护监理单位提交环境保护报告，并对现场发生的突发性异常环境影响事件、重大环境影响事件及时向环境保护监理机构报告。

尽管环境保护监理单位以独立主体参与建设活动，但是，为了保证其与工程施工监理单位向承包人签发的通知、指示等协调一致，避免指令冲突造成承包人工作安排的"无所适从"，环境保护监理单位在向承包人发出正式文函之前，均应事前与工程施工监理单位协商。

（三）环境保护监理单位与工程施工监理单位的关系

环境保护监理单位与工程施工监理单位都是经项目法人委托从事监理服务的独立主体，分别承担环境保护监理服务和工程施工监理服务，在工程建设中是协作关系。

尽管环境保护监理服务和工程施工监理服务有所不同，但在工作中存在着广泛的联系。它们之间的工作联系主要表现在下列方面：

（1）施工组织设计不仅关系到工程的成本、进度、质量和安全，而且，对环境保护有重大影响。

（2）几乎任何施工活动都会或多或少地涉及水污染、大气污染、固体废弃物处置、水土流失、生态影响、人群健康和文物保护等基本环境问题的一个或多个方面。因此，只要有施工活动的安排，就必须制定相应的环境保护措施；只要有施工活动的开展，就必须监督检查环境保护情况。

（3）在工程建设中，经常会出现工程成本、进度、质量和安全等与环境保护发生冲突的情况，环境保护监理单位和工程施工监理单位应参与解决这一问题的方案研究，既保证不造成环境破坏，同时又能满足工程建设对成本、进度、质量和安全的要求。

（4）如上文所述，为了保证环境保护监理单位与工程施工监理单位向承包人签发的通知、指示等的协调一致，环境保护监理单位在向承包人发出正式文函之前，应事前与工程施工监理单位协商。

（四）环境保护监理单位与环境监测单位的关系

环境保护监理单位与环境监测单位都是为项目法人提供环境保护服务的独立主体，分别承担环境保护监理服务和环境监测服务，在工程建设中是工作协调关系，应当建立紧密的信息联系。在环境保护监理实施中，环境保护监理单位应充分利用环境监测单位的监测数据实施环境保护监理，必要时，也可在建设单位授权下委托环境监测单位进行专门性的环境监测。

（五）环境保护监理单位与工程设计单位的关系

环境保护监理单位与工程设计单位都是为项目法人提供服务的独立主体，分别承担环境保护监理服务和技术咨询服务，在工程建设中是工作协调关系，应当建立紧密的信息联系。

施工过程中，工程设计单位向承包商介绍环保设施工程概况、设计意图、技术要求和施工难点等，把标准过高、设计遗漏、图纸差错等问题解决在施工之前。环境保护监理人员发现工程设计不符合环境影响评价文件及批复文件要求时，应当报告给建设单位，要求设计单位更改。施工中若发现设计缺陷，应及时按工作程序向设计单位提出，以免造成严重的直接损失。

三、环境保护监理组织机构与人员配备

环境保护监理机构的组织形式，可按照建设项目环境保护涉及的专业复杂程度、工程规模和布局以及工作要求等，选择直线型模式、职能型模式、直线-职能型模式和矩阵模式等。

（一）直线型环境保护监理组织模式

直线型组织模式是一种最简单的、古老的组织形式，它的特点是组织中的各种职位是按垂直系统直线排列的，如图 3-2 所示。

这种组织形式的特点是命令系统自上而下进行，责任系统自下而上承担。上层管理下层若干个子部门，下层唯一地只接受上层的指令。这种组织形式适用于建设项目在空间上能划分为若干个相对独立的子项、环境保护技术要求不太复杂的环境保护监理项目，如灌溉工程、堤防工程、环境保护技术不太复杂的引水工程等。环境保护的总监理工程师负责整个项目环境保护监理的计划、组织和指导，并主持环境保护监理的协调工作。子项目监理组分别负责子项目范围内的环境保护监理工作，具体领导所辖监理组内环境保护监理人员的工作。

这种组织形式的主要优点是机构简单、权力集中、命令统一、职责分明、决策迅速、隶属关系明

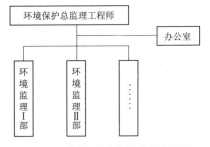

图 3-2　直线型环境保护监理组织模式示意图

确。但是，其使用条件是各监理组的环境保护范围划分明确、涉及的技术问题不太复杂。

（二）职能型环境保护监理组织模式

职能型环境保护监理组织模式，是以环境保护的总监理工程师全权负责环境保护现场

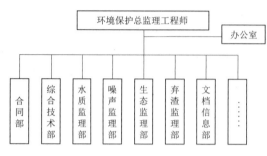

图 3-3 职能型环境保护监理组织模式图

工作，下设若干职能机构，分别从职能角度对基层监理组进行业务管理。这些职能机构可以在环境保护的总监理工程师授权的范围内，就其分管的业务范围，向下下达指示和通知，如图 3-3 所示。

这种组织形式的优点是能体现专业化分工，人才资源分配方便，有利于人员发挥专业特长，处理专业性强的问题。它的缺点是命令源不唯一，同时，处理某一具

体监理业务的权责关系不够明确，有时决策效率低。对于在地理位置上相对分散的环境保护监理项目，这种模式不太适合。

（三）直线-职能型环境保护监理组织模式

直线-职能型环境保护监理组织模式是吸收了直线型组织形式和职能型组织形式的优点而构成的一种组织形式，如图 3-4 所示。

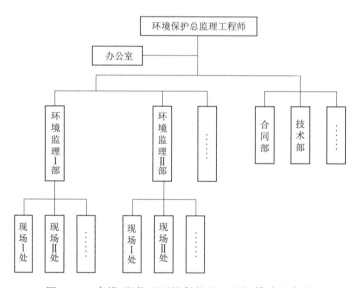

图 3-4 直线-职能型环境保护监理组织模式示意图

这种形式具有明显的优点。它既有直线型组织模式权力集中、权责分明、决策效率高等优点，又兼有职能部门处理专业化问题能力强的优点。实际上，在这种组织形式中，职能部门是直线机构的参谋机构，故这种模式也叫直线-参谋模式或直线-顾问模式。

这一模式适用于工程规模大、环境保护范围在空间上划分明确、环境保护监理工作涉及的专业技术复杂等情况。显然，对于规模不大、专业技术简单的环境保护监理任务，采用这一模式的最大障碍就是所需投入的监理人员数量多、成本大。

（四）矩阵型环境保护监理组织模式

矩阵型组织模式是第二次世界大战后在美国首先出现的。矩阵型组织模式是一种新型的组织模式。它是随着企业系统规模的扩大、技术的发展、产品类型的增多、要求企业系统的管理组织有很好的适应性而产生的。这种模式既有利于业务的专业化管理，又有利于产品（项目）的开发，并能克服以上几种组织模式的缺点，如灵活性差、部门之间的横向联系薄弱等。

矩阵型组织模式是从直线型组织机构中组建专门从事某项工作的小组（小组成员具有不同背景、不同技能、不同知识，分别选自不同部门）发展而来的一种组织结构。在这一组织机构中，既有纵向管理部门，又有横向管理部门，纵横交叉，形成矩阵，所以称为矩阵结构，如图3-5所示。

这种模式的优点是加强了各职能部门的横向联系，具有较大的机动性和适应性；把上下左右集权与分权结合起来，有利于解决复杂问题，有利于监理人员业务能力的培养。其缺点是命令源不唯一，纵向、横向协调工作量大，处理不当会造成扯皮现象，产生矛盾。

为克服权力纵横交叉这一缺点，必须严格区分两类工作部门的任务、责任和权

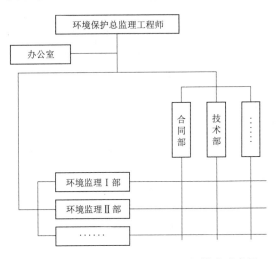

图3-5 矩阵型环境保护监理组织模式示意图

力，并应根据企业系统的具体条件和外围环境，确定纵向、横向哪一个为主命令方向，解决好项目建设过程中各环节及有关部门的关系。

（五）施工-环境保护监理综合组织模式

自20世纪80年代建设工程监理根据国内工程建设实际情况从国外引进以来，经历了规划准备、试点推广和全面实施三个阶段，监理行业经过二十多年的发展，在建设领域发挥了积极的作用，有的项目把施工监理、环境保护监理、水土保持监理等工作进行统一招标，确定一家监理单位对项目实施全方位管理，项目能够在决策策划阶段、工程实施阶段为业主提供全方位、全过程、全寿命、全覆盖的服务，使建设工程监理能够朝着更好的方向发展。它的组织机构是与施工监理平行并列的，如图3-6所示。

四、环境保护监理人员职责与权限

环境保护监理人员包括环境保护总监理工程师、环境保护监理工程师和环境保护辅助监理人员，必要时可配备环境保护副总监理工程师。当环境保护监理任务小、环境保护监理人员较少时，环境保护监理工程师可同时承担环境保护辅助监理人员的工作。

（一）环境保护总监理工程师职责

水利工程施工环境保护监理实行总监理工程师负责制。环境保护总监理工程师负责全

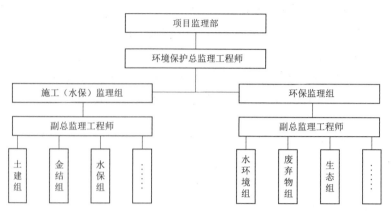

图 3-6 施工-环境保护监理综合组织模式示意图

面履行环境保护监理合同中所约定的环境保护监理单位的职责，其主要职责包括下列内容：

（1）主持编制环境保护监理方案，制定环境保护监理机构规章制度，签发环境保护监理机构内部文件。

（2）确定环境保护监理机构各部门职责分工及各级环境保护监理人员职责权限，协调环境保护监理机构内部工作。

（3）指导环境保护监理工程师开展监理工作。负责环境保护监理人员的工作考核，调换不称职的环境保护监理人员，根据工程建设进展情况调整环境保护监理人员。

（4）审核承包人施工组织设计中的环境保护措施计划和专项环境保护措施计划。

（5）主持环境保护监理第一次工地会议，主持或授权环境保护监理工程师主持环境保护监理例会和专题会议。

（6）签发环境保护监理文件；对涉及施工进度、施工方案重大调整的环境问题的处理，商工程施工总监理工程师后，签发指示。

（7）主持重要环境问题的处理。

（8）主持或参与工程施工与环境保护的协调工作。

（9）组织编写并签发环境保护监理报告、环境保护监理专题报告、环境保护监理工作报告，组织整理环境保护监理合同文件和档案资料。

（10）监督环境保护措施落实情况，签发环境保护费用付款证书。

（11）参加环境保护设施验收工作。

（二）环境保护监理工程师职责

环境保护监理工程师是实施监理工作的直接责任人，并对环境保护总监理工程师负责，应按照环境保护总监理工程师所授予的职责权限开展监理工作。其主要职责包括下列内容：

（1）参与编制环境保护监理方案。

（2）预审承包人施工组织设计中的相关环境保护技术文件。

（3）检查负责范围内承包人的环境保护措施的落实情况。

（4）检查负责范围内的环境影响情况，对发现的环境问题及时通知承包人采取处理措施。

（5）协助环境保护总监理工程师协调施工活动安排与环境保护的关系，按照职责权限处理发生的现场环境问题，签发环境问题通知。

（6）收集、汇总、整理环境保护监理资料，参与编写环境保护监理报告，填写环境保护监理日志。

（7）现场发生重大环境问题或遇到突发性环境污染事故时，及时向环境保护总监理工程师报告。

（8）指导、检查环境保护辅助监理人员的工作，必要时可向环境保护总监理工程师建议调换环境保护辅助监理人员。

（9）完成环境保护总监理工程师交办的其他工作。

（三）环境保护辅助监理人员职责

环境保护辅助监理人员应按所授予的职责权限开展监理工作，其主要职责包括下列内容：

（1）检查负责范围内承包人环境保护措施的现场落实情况。

（2）检查负责范围内的环境影响情况，并做好现场监理记录。

（3）对发现的现场环境问题，及时向环境保护监理工程师报告。

（4）核实承包人环境保护相关原始记录。

（5）完成环境保护总监理工程师、监理工程师交办的其他工作。

第三节　环境保护监理工作内容及要求

一、环境保护监理的工作内容

环境保护监理工作主要包括监督环境保护措施的实施、控制施工活动对环境的影响、把握环境保护设施实施进度、协调施工活动与环境保护的关系等。

（一）环境保护监理工作主要内容

（1）按合同约定，及时组建项目环境保护监理机构，配置监理人员，并进行必要的岗前培训。

（2）向项目法人报送环境保护监理方案，对承包人进行监理工作交底。

（3）审核承包人编报的施工组织设计中的相关环境保护技术文件。

（4）对生物及其他生态保护、土壤环境保护、人群健康保护、景观和文物保护等工作进行监督与控制。

（5）对水污染防治及水环境保护、大气环境保护、噪声控制、固体废弃物处置等工作进行监督与控制。

（6）对项目施工过程中环境污染治理设施、环境风险防范设施建设参照《建设工程施工现场环境及卫生标准》（JGJ 146—2013）的相关要求进行施工监理，应监督落实工程

"三通一平"实施过程中的环境保护措施。

（7）项目完工后，环境保护监理机构应及时整编环境保护监理资料，按照《建设项目竣工环境保护验收技术规范 水利水电》（HJ 464—2009）的要求，完成并提交环境保护监理工作报告，参加环境保护验收工作。

（二）其他重点关注内容

（1）建设项目设计和施工过程中，项目的性质、规模、选址、平面布置、工艺、施工时序及防治生态破坏的措施是否发生重大变动。

（2）主要环境保护设施与主体工程建设的同步性。

（3）环境风险防范与事故应急设施与措施的落实。

（4）与环境保护相关的重要隐蔽工程。

（5）项目建成后难以或不可补救的环境保护措施和设施。

（6）项目建设和运行过程中可能产生不可逆转的环境影响的防范措施和要求。

（7）项目建设和运行过程中与公众环境权益密切相关、社会关注度高的环境保护措施和要求。

（8）项目建设和运行过程中，环境影响评价文件、环境保护设计涉及内容是否落实。

二、环境保护监理工作的方法、程序和制度

（一）环境保护监理工作方法

水利工程建设环境保护监理的主要工作方法如下。

1. 巡视检查

巡视检查是指环境保护监理机构对监理范围内（包括施工区域、影响区域、移民区和专项设施）的环境和环境保护工作进行定期和不定期的日常监督、检查，这是环境保护监理的一种主要工作方法。现场巡视检查的内容主要有：检查承包人落实项目有关环境保护措施的情况，对监理范围内的环境状况进行日常巡查，对存在重大环境问题的施工区域、影响区域、移民区和专项设施的环境情况和环境保护措施的实施进行跟踪检查。

2. 旁站监理

旁站监理是指环境保护监理机构对一些重要环境问题所采取的连续性的全过程监督和检查。旁站监理检查的内容一般有：经检查发现的重大环境问题的处理、对施工区内环境影响较大的污染源防护、对环境破坏性大的废弃物的处理、重要文物保护等。

3. 现场记录

现场记录是指环境保护监理机构在实施巡视检查、旁站监理等过程中完成的现场环境状况和环境保护情况等记录，一般包括现场环境情况描述、环境监测数据、环境保护措施落实情况等。记录形式包括文字、数据、图表、声像等多种形式。

4. 跟踪检查

跟踪检查是指环境保护监理机构对环境问题的处理情况、环境保护措施的改进情况等进行的检查、核实和确认。

5. 利用环境监测数据

环境保护监理机构应充分利用环境监测数据，指导环境保护监理工作的开展。对施工

区内环境影响较大的污染源，根据现场检查和环境监测单位出具的环境监测报告，对存在的环境问题及时要求承包人采取措施，并要求承包人进行整改。

6. 发布文件

发布文件是指环境保护监理机构在环境保护监理过程中所采用的通知、现场书面通知、批复等形式。如环境保护措施计划或方案的批复，在巡视检查、旁站监理中发现问题时向承包人发出的纠正或整改通知等。

7. 环境保护监理工作会议

环境保护监理工作会议包括工地第一次会议、工地例会和专题会议。

（1）工地第一次会议。环境保护监理工地第一次会议对顺利启动并建立环境保护监理良好的工作秩序十分重要，一般由项目法人或环境保护的总监理工程师主持，环境保护监理机构、承包人等单位的主要人员参加，工程施工监理机构也应派主要相关人员参加。这次会议是项目建设环境保护有关参建单位的第一次正式会面，是环境保护工作合作的正式开始。在会上，一般要求承包人澄清环境保护计划、环境保护措施、环境保护岗位职责分工等方面的有关疑问，确定或原则确定有关各方必须遵循的工作程序和制度。第一次工地会议应在环境保护监理机构批复合同工程开工前举行，由环境保护监理机构负责起草纪要，并经与会各方代表会签。

第一次工地会议应包括以下主要内容：

1）建设单位、环境保护监理机构、承包人分别介绍各自驻现场的组织机构、人员及其分工。

2）建设单位根据委托环境监理合同宣布对环境保护总监理工程师的授权。

3）建设单位介绍工程开工准备情况，承包人介绍建设项目环保工程施工准备情况。

4）环境保护总监理工程师介绍环境保护监理方案的主要内容，并进行首次监理工作交底。

（2）工地例会。环境保护监理工地例会是工程施工过程中定期召开的环境会议，一般每月一次，根据需要也可每周或每旬召开一次。环境保护监理工地例会是有关各方交流情况、解决问题、协调关系和处理纠纷的一种重要途径。环境保护监理机构应在会前准备会议议程，开会过程中应做好会议记录，并在会后的规定时间内及时做出会议纪要。

工地例会的主要内容一般包括：

1）检查上次例会和上次例会以来议定事项的完成情况，分析未落实事项原因。

2）分析当前存在的环境影响问题，研究确定处理方案。

3）检查环境保护措施的落实及环境保护达标情况，对存在的问题提出改进措施。

4）检查环境保护工程量核定及工程款支付情况。

5）明确会后应完成的任务及责任方和完成时限。

6）其他事项。

（3）专题会议。专题会议是协调各参建单位关系、解决工程中各类问题和处理纠纷的一种重要途径。环境保护监理机构应根据工程需要主持召开环境事件专题会议。

8. 协调

协调是指环境保护监理机构对参加工程建设各方之间就出现的环境保护与工程建设活

动之间的冲突问题进行的调解工作。

9. 审阅报告

审阅报告是指环境保护监理机构通过对承包人按规定编制并提交的环境保护施工月报进行审阅，依据项目法人提供的施工期环境监测数据，分析判断并提出处理意见及改进意见的环境保护监理工作方法。

10. 重视公众参与

环境保护监理机构应通过听取受施工影响的附近群众及有关人员的反映意见，及时了解公众对环境问题的抱怨，提出解决问题的意见或建议。

（二）环境保护监理工作程序

1. 环境保护监理的基本工作程序

（1）签订环境保护监理合同，明确环境保护监理工作范围、内容和责权。

（2）依据环境保护监理合同，组建环境保护监理机构，选派环境保护总监理工程师、环境保护监理工程师、环境保护辅助监理人员。

（3）熟悉环境保护有关的法律、法规、规章以及技术标准，熟悉环境影响评价报告、环境保护设计、施工合同文件中有关环境保护的条款和环境保护监理合同文件。

（4）进行环境保护范围内污染源的实地考察，进一步掌握污染源的特点及其分布情况，尤其是对环境敏感区的情况。

（5）编制环境保护监理方案。

（6）进行环境保护监理工作交底。

（7）实施环境保护监理工作，填写环境保护监理日记、监理月报，进行例行环境检测。

（8）检查承包人环境保护相关资料档案情况，整理环境保护监理文件档案。

（9）编写环境保护监理工作报告。

（10）参加环境保护验收工作。

（11）参加发包人与承包人的工程交接和档案资料移交。向发包人提交环境保护监理资料、环境保护监理工作报告。

（12）结清监理费用。

（13）向发包人移交其所提供的文件资料和设施设备。

2. 环境保护监理现场巡视检查工作程序

环境保护监理工程师在现场巡视检查中，对存在的环境问题，可直接要求承包人处理；对重要的环境问题，或要求承包人处理而未处理的环境问题，现场环境保护监理工程师在与现场工程监理工程师协商后签发环境问题通知，要求承包人限期解决。承包人应按通知的要求，采取一切有效措施，按时解决存在的问题，并向现场环境保护监理工程师报告。

对环境问题通知中要求解决的环境问题，若承包人拒不解决或期满后仍未解决，现场环境保护监理工程师应向环境总监理工程师汇报，必要时，环境保护总监理工程师在与工程施工总监理工程师协商后，向承包人发出整改通知。在通知发出后规定的时间内，承包人仍未采取有效措施处理存在的环境问题的，则根据相关合同约定进行整改。在环境问题整改期间，应暂停对承包人的一切付款。

环境保护监理现场巡视检查工作程序如图3-7所示。

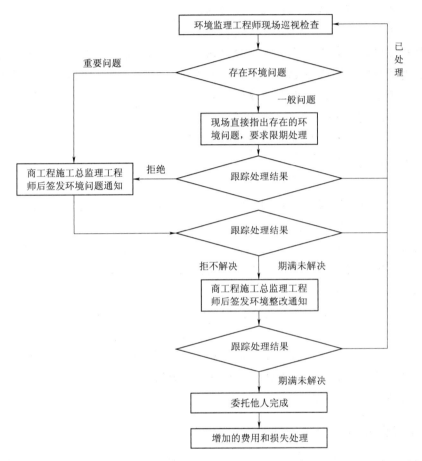

图3-7　现场环境巡视检查工作程序

（三）环境保护监理工作制度

环境保护监理的主要工作制度如下。

1. 文件审核、审批制度

承包人编制的施工组织设计和施工措施计划中的环境保护措施、专项环境保护措施方案（如供水水源保护、重要污染源防护处理、对环境影响严重的施工作业的环境保护措施等）等，均应报环境保护监理机构审核。环境保护监理机构对上述文件的审核同意意见作为工程监理机构批准上述文件的基本条件之一。

2. 重要环境保护措施和环境问题处理结果的检查、认可制度

在承包人完成了重要的环境保护措施后，应报环境保护监理机构检查、认可。环境保护监理工程师应跟踪检查要求承包人限期处理的环境问题的情况。若处理合格，予以认可；若未处理或处理不合格，则应采取进一步的监理措施。

3. 环境工程计量付款签证制度

环境保护监理机构根据设计文件及承包合同中关于环境工程量计算的规定，对承包人所有申请付款的工程量、工作均应进行计量并经环境保护监理机构确认。未经环境保护监理机构确认签证的付款申请，发包人不得付款。

4. 会议制度

环境保护监理机构应建立环境保护会议制度。包括环境保护第一次工地会议、环境保护监理例会和环境保护监理专题会议。对环境保护监理例会，应明确召开会议的时间、地点、主要参加单位与人员、一般会议议程、会议纪要等。

5. 现场环境紧急事件报告、处理制度

环境保护监理机构应针对环境保护监理范围内可能出现的紧急情况，制定环境紧急事件报告制度和处理措施预案。

6. 工作报告制度

环境保护监理机构应按月及时向发包人提交《环境保护监理月报》，报告环境保护监理现场工作情况以及环境保护监理范围内的环境状况。对于重大环境问题，环境保护监理机构应在调查研究基础上，向发包人提交《环境保护监理报告》。在环境保护监理工作结束后，应向发包人提交《环境保护监理工作报告》。

7. 环境验收制度

在承包人提交验收申请后，环境保护监理机构应对其是否具备验收条件进行审核，在单位工程完工验收、合同项目完工验收中，均应有环境保护监理机构参加，检查认可承包人按照合同要求完成环境保护的情况（如地面恢复、植被恢复、废弃物处理等）以及施工过程中的环境保护档案资料整理等情况。整理提交环境保护监理工作报告和档案资料，参加工程竣工验收前的环境专项验收。

三、环境保护监理工作要求

环境保护监理工作要求主要包括环境保护措施监理、环境保护达标监理、环境保护设施监理、环境监测监控监理、环境污染事件报告与处理、参加环境保护验收等。

（一）环境保护措施监理工作要求

环境保护措施监理工作主要包括生物保护及其他生态保护监理、土壤环境保护监理、人群健康保护监理、景观和文物保护监理等。

1. 生物保护及其他生态保护监理工作要求

（1）检查施工项目防止水土流失、植被破坏的防护设施。

（2）检查承包人对员工开展的生物保护及其他生态保护知识培训效果。

（3）检查承包人防止水土流失、植被破坏的防护设施的规范运行，防止废水、废浆、施工固体废弃物对土地、植被的污染。

（4）检查承包人在湿地、林区、草原、自然保护区、饮用水源保护区、生态用地红线控制区等附近的施工区域和临时生活区域的警戒线、警示标识的设置情况。

（5）对涉及珍稀濒危陆生动物和有保护价值的陆生动物的栖息地、珍稀濒危水生生物和有保护价值水生生物的栖息地、洄游通道的施工区，要求承包人根据不同的季节合理安排施工次序、作业时间，完善生态流量泄放、栖息地保护，预留洄游通道、迁徙通道、过鱼设施、人工增殖放流、人工鱼巢、低温水及气体过饱和减缓措施等保护措施。

（6）检查承包人对工程施工区及施工区周边的珍稀濒危植物、古树名木的工程防护措施；检查承包人根据生态适宜性要求迁至施工区外移栽的迁地移栽措施；检查承包人对其他有保护价值的植物的引种繁殖栽培、种子库保存等保护措施。

（7）生态清洁小流域建设项目的环境保护监理工作内容与要求应依照《生态清洁小流域建设技术导则》（SL 534—2013）的相关规定进行。

（8）对于项目所包含的水土保持工程，施工监理工作应依照《水利水电工程水土保持技术规范》（SL 575—2012）、《水土保持工程施工监理规范》（SL 523—2011）的相关规定进行。

2. 土壤环境保护监理工作要求

（1）检查项目的清污、疏浚工程的排泥场围堰及防护设施。

（2）检查承包人对清淤底泥、疏浚排除物的化学、物理监测资料。

（3）检查清污、疏浚工程的排泥场围堰及防护设施的安全运行。

（4）检查承包人的底泥处置措施情况。

（5）检查承包人的耕植土保护措施情况。

3. 人群健康保护监理工作要求

（1）检查承包人员工岗前体检资料。

（2）检查承包人卫生医疗机构设置、劳动卫生管理人员的配置情况。

（3）根据季节变化、施工人员健康状况和当地疫情等情况，特别是流行性疾病爆发区和血吸虫病疫区，督促承包人有针对性地进行体检，并加大体检的内容和频次。

（4）监督承包人定期对生活饮用水取水区、净水池（塔）、供水管道等设施进行检查，保障饮用水设施的安全运行。

（5）要求承包人建立疫情报告和环境卫生监督制度，定期组织开展施工区环境卫生防疫检查。

（6）督促承包人定期开展岗中健康体检。

4. 景观和文物保护监理工作要求

（1）审核涉及风景名胜区、文物保护区所有作业活动的申请。

（2）要求承包人在风景名胜区、文物保护区等区域及其周围严格按相关部门规定进行文明施工。

（3）检查在风景名胜区、文物保护区及其外围保护地带内施工活动场所的防护设施、公告牌、警戒线、警示标示设置状况。

（4）监督承包人不得向风景名胜区、文物保护区等区域倾倒固体废弃物，排放污水和废气。

（5）监督落实项目可行性研究报告和初步设计文件关于文物保护的措施，满足环境影响评价文件和批复的要求，特别是施工期间新发现的地下文物，应按照文物保护法规的规定要求承包人及时报告并采取保护措施。

（二）环境保护达标监理工作要求

环境保护达标监理工作主要包括水环境保护监理、大气环境保护监理、噪声控制监理、固体废弃物处置监理等。

1. 水环境保护监理工作要求

（1）检查施工项目的废水、废浆和施工人员生活污水的处理设施，防止水域和海洋岸线区域等遭受污染，防止污染环境和影响土地功能。

（2）检查饮用水水质是否符合《生活饮用水卫生标准》（GB 5749—2022）和《地下水质量标准》（GB/T 14848—2017）的要求。

（3）检查生产废水和生活污水排放是否达到已批复的环境影响评价文件提出的相关标准要求。

（4）要求承包人在降水工程区域外沿设置警示标示或警戒线，做好相应的沉降观测；采取措施，保护地下设施的安全。

（5）督促承包人建设施工废污水的处理设施，补充完善技术防护措施。

2. 大气环境保护监理工作要求

（1）检查施工期对大气环境质量产生影响的燃油机械设备，尾气排放应符合国家标准。

（2）检查作业过程中的降尘、通风设施。

（3）对土石方开挖、爆破、砂石料生产、混凝土施工、车辆运输等施工活动进行检查，要求承包人严格执行相应的降尘、除尘措施，达到已批复的环境影响评价文件提出的相关标准要求。

（4）对油料等易挥发性生产资料的储存、使用场所的安全性进行有效监控。

（5）督促承包人改进施工工艺，完善降尘、除尘、通风设施和废（尾）气排放装置，补充完善技术防护措施。

3. 噪声控制监理工作要求

（1）检查施工期固定噪声的控制装置，对密封舱、密封操作室逐一进行验收。

（2）对固定式施工机械设备的选型和工艺进行符合性验收。

（3）对流动性施工机械设备的通行、作业区域进行限速和隔声屏障、警示布设检查。

（4）检查工程爆破控制技术的实施、爆破警戒区域的设置、爆破时间的执行。

（5）督促承包人合理安排施工计划，对敏感目标产生较大影响的作业活动应限制夜间施工。

（6）对土石方开挖、爆破、砂石料生产、混凝土施工、车辆运输等施工活动进行检查，要求承包人严格执行相应的消除和降低噪声的措施，满足已批复的环境影响评价文件提出的相关标准要求。

（7）督促承包人改进施工工艺，完善消除和降低噪声装置，补充完善技术防护措施。

（8）检查施工期间敏感区域降噪设备设施安装布设情况，减轻因施工活动对敏感区域造成的不利影响。

4. 固体废弃物处置监理工作要求

（1）对弃渣场、排泥场、生活垃圾箱或集中垃圾堆放点的管理进行检查，要求承包人严格按规范、标准要求进行固体废弃物处置，弃渣（土）和底泥的堆放和处置满足已批复的环境影响评价文件提出的相关标准要求。

（2）监督承包人按《危险废物贮存污染控制标准》（GB 18597—2001）的要求进行危险废物的处理。

（3）督促承包人文明施工、改进管理措施，完善技术防护措施和处置设施，对生产垃圾和生活垃圾进行有序堆放和处置。

（三）环境保护设施监理工作要求

环境保护设施监理工作主要包括监督检查项目施工期环境污染治理设施、环境风险防范设施建设情况，检查废水、废气、噪声、固体废弃物等处置设施是否按照要求建设。

（四）环境监测监控监理工作要求

环境监测监控监理工作主要包括根据项目法人提供的施工期环境监测数据，对监测成果进行分析判断，提出处理意见，必要时对饮用水、地表水、地下水、废水、污水、废气、噪声、固体废弃物等向项目法人提出进一步监测和抽测的建议。

（五）环境污染事件报告与处理工作要求

环境污染事件报告与处理工作主要包括对施工期间发生的环境污染事件及时采取有效措施，防止污染扩大，积极配合环境污染事件调查组的调查工作，并监督承包人按调查处理意见处理环境污染事件。

（六）参加环境保护验收

在召开建设项目竣工环境保护验收现场检查会时，环境监理参加，着重汇报工程建设内容及环保措施落实情况。

四、环境保护监理的信息管理

在工程项目管理实践中，信息管理至关重要。一定程度上讲，信息管理的水平决定着项目管理的成败。水利工程建设环境保护监理的信息量巨大，种类多，信息流程复杂，因此，信息管理工作十分重要。及时掌握准确、完整的信息，可以使环境保护监理人员耳聪目明，准确、合理和及时地处理问题，做好环境保护监理工作。

（一）环境保护监理信息分类、编码和信息流程

水利工程建设环境保护监理信息量非常大，信息管理任务繁重。信息的分类和编码管理，不仅仅是实现计算机信息管理的基础，而且，科学、通用和稳定的信息分类方式与编码，便于有关人员熟悉和掌握，有利于信息的整理、归档、查询和使用。

1. 信息分类的原则

（1）稳定性。应选择分类对象最稳定的本质属性或特征作为信息分类的基础和标准，使信息分类体系建立在对基本概念和对象透彻理解的基础上。

（2）兼容性。信息分类体系必须考虑到项目参建各方的信息分类与编码体系的各种不同情况，能满足与不同项目参建方的信息交换。

（3）可扩展性。信息分类体系应有较强的灵活性，在使用中便于扩展。信息体系可扩展性的最基本要求是保证在增加新的信息类型时，不至于打乱已建立的信息体系。同时，信息体系可拓展性还要求信息体系能够满足拓展和细化要求。

（4）逻辑性原则。信息体系中各信息类目的设置应具有极强的逻辑性，便于人们对信息的整理、归档和分类查询。

（5）实用性。信息的分类因项目不同而有所区别，同时，也决定于信息管理的手段。因此，信息分类的基本要求是其实用性，而不是对通用信息体系的生搬硬套。

2. 信息分类的方法

（1）线分类法。线分类法又称层级分类法或树状结构分类法。它是将分类对象按所选定的若干属性或特征逐次地分成相应的若干个层级目录，并排列成一个有层次的、逐级展开的树状信息分类体系。在同一层次中，同一层面的同位类目间存在并列关系，不重复、不交叉。这种分类方法是最为常用的方法，如经常按照工程项目逐层次按标段、单位工程、分部工程等层级结构分类信息。

（2）面分类法。面分类法是将所选定的分类对象的若干个属性或特性视为若干个"面"，每个"面"中又可以分成许多彼此独立的若干个类目。在使用时，可根据需要将这些"面"中的类目组合在一起，形成一个复合的类目。在信息管理实践中，面分类法具有很好的适应性。

由于环境保护监理中的信息量巨大，单一的项目分类方法往往不能满足要求，常以一种分类方法为主，辅以另一种分类方法。例如，常以信息属性为主分类，辅以按项目组成的分级分类。

另外，为便于信息的归档管理与查询使用，也常采用以下方法：信息资料以某种方法分类归档，然后，在信息存储时标注以主要属性，增加信息间的逻辑联系，便于信息的使用。

3. 环境保护监理常用信息分类

（1）按照信息的环境保护内容分类。

1）水环境保护信息。

2）大气环境保护信息。

3）噪声控制信息。

4）固体废弃物的处置信息。

5）土壤环境保护信息。

6）生物保护及其他生态保护信息。

7）人群健康保护信息。

8）景观和文物保护信息。

9）综合信息。

（2）按照信息所属监理区段分类。

1）工程区域环境信息。

2）工程影响区域环境信息。

3）移民区及专项设施环境信息。

（3）按照信息来源分类。

1）发包人来函。

2）承包人来函。

3）发函。

4）环境保护监理机构内部通知、报告。

5）环境保护监理机构现场记录、调查表、监测数据、会议纪要、环境保护监理月报、监理工作报告等。

6）行政管理部门文件。

7）其他单位来函。

（4）按照信息功能分类。

1）环境保护监理日记。

2）环境保护监理月报、监理专题报告和监理工作报告。

3）申请与批复。

4）通知、工程现场书面通知。

5）检查、检测和验收报告。

（5）按照信息形式分类。

1）纸质。

2）音像。

3）图片。

4）电子文档。

4．信息编码

信息编码是将事物或概念（编码对象）赋予一定规律性的、易于计算机和信息相关人员识别与处理的符号。它具有标识、分类、排序等基本功能。信息编码是信息分类体系的体现，其基本原则如下：

（1）唯一性。在一个分类编码标准中，每个编码对象仅有一个代码，每个代码表示唯一一个编码对象。

（2）与分类体系的一致性。信息编码结构应与信息分类体系相适应。

（3）可扩充性。信息编码必须留有适当的后备容量，以便于不断扩充。

（4）简单性。信息编码结构应尽量简单，长度尽量短，以便于记忆和提高信息处理的效率。

（5）适用性。信息编码应能反映信息对象的特点，便于记忆和使用。

（6）规范性。在同一个项目的信息编码标准中，代码的类型、结构及编写格式都必须统一。

在《水利工程施工环境保护监理规范》（T00/CWEA 3—2017）附录给出的 16 个表中，分为环境保护承包人用表（以 HBCB××表示）和环境保护监理机构用表（以

HBJL××表示）两类，其表格编号方式为

填表单位〔年份〕表格使用性质

编码"××××〔20××〕通知001号"表示：

环境保护监理单位（或承包人）—××××公司；

20××—20××年的文件；

通知—文件用途：通知；

001—通知类文件流水号。

5. 信息流程

环境保护监理涉及的部门很多，部门之间的信息沟通十分复杂。信息流的畅通、有序和规范，对环境保护监理的成功实施十分重要。环境保护监理的主要信息流程如图3-8所示。

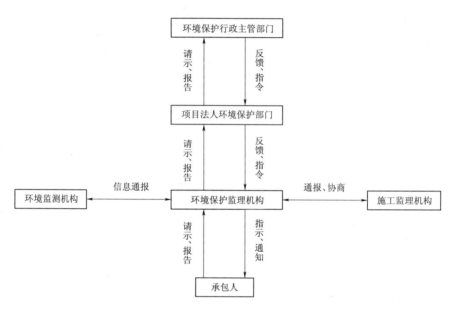

图3-8　环境保护监理主要信息流程

（二）环境保护监理记录、统计表和报告

1. 监理记录

环境保护监理人员的现场检查记录是施工环境情况的同期反映和环境保护监理的基本资料，记录的真实性、准确性和完整性十分重要。因此，在编制环境保护监理方案或设计环境保护监理用表时，应根据具体监理内容的不同，精心设置记录内容。监理记录必须有明确的检查时间、地点和检查人员签字确认，并有专人定时、及时收集、整理和分析。

2. 统计表

为了对比、分析环境状况，必须对现场检查中填写的监理记录定期、及时进行编录和整理。整理的方法可采用多种形式，最常用的是统计表，见表3-1、表3-2，有时也配合以柱状图、饼图、趋势线、关联因素散布图等。

表 3-1 　　　　　　　　　　　　**某工程渣场环境问题统计表**

渣场名称	渣场地点	渣量/万 m³	环境问题	承包人

表 3-2 　　　　　　　　　　　　**某工程渣场环境保护措施一览表**

渣场名称	渣场地点	渣量/万 m³	环保措施	实施情况	承包人

3. 环境保护监理月报

环境保护监理月报是由环境保护监理单位按月编制的监理工作报告。环境保护监理月报应总结当月环境保护工作实施情况、监理工作情况，对存在的环境问题分析其原因，建议处理措施。环境保护监理月报主要由下列内容组成：

(1) 本月环境保护工作实施情况。

(2) 合同管理其他工作情况。

(3) 监理机构运行情况。

(4) 监理工作小结。

(5) 存在问题及有关建议。

(6) 下月工作安排。

（三）环境保护监理文件

1. 环境保护监理方案

环境保护监理方案是环境保护监理机构编制的，指导建设项目组织全面开展环境保护监理工作开展的纲领性文件，在环境保护监理的各个阶段起着重要的作用。

(1) 环境保护监理方案的概念和作用。环境保护监理方案是在环境保护监理单位与发包人签订环境保护监理合同之后，在环境保护监理大纲基础上，由环境保护总监理工程师主持编制，经环境保护监理单位技术负责人批准，指导环境保护监理机构全面开展环境保护监理工作的文件。其主要作用如下：

1) 在环境保护监理合同签订后，环境保护监理方案作为组成合同文件的一个重要文件，是具体指导环境保护监理工作的重要文件。

2) 促进环境保护监理的程序化、规范化、科学化，提高环境保护监理工作的水平，落实环境保护监理职责。

3) 通过环境保护监理方案，既体现环境保护监理单位服务水平，又使发包人掌握了环境保护监理单位的组织机构与人员、措施、工作程序和工作制度等内容和要求，还是发包人考核环境保护监理工作的依据之一。

(2) 编制环境保护监理方案的依据。环境保护监理方案编制的主要依据如下：

1）环境保护有关的法律、法规、规章和标准。

2）建设项目环境影响评价文件及其批复文件、环境保护设计及其批复文件等。

3）施工区、生活区、移民迁出区和安置区等区域环境基本情况和环境保护要求。

4）施工组织设计中有关水污染、大气污染、固体废弃物处置、水土流失、生态影响等基本情况资料和环境保护措施文件。

5）环境保护监理合同、施工合同中有关环境保护的条款。

（3）编制环境保护监理方案的要求。环境保护监理方案的编制应由环境保护的总监理工程师主持，其他环境保护监理工程师参加。在环境保护监理方案中，应结合所监理项目的特点和合同要求，体现环境保护的总监理工程师的管理概念、主导思想、工作思路和总体安排，并应考虑到合同中规定或在发包人协调下建立的环境保护监理机构与工程施工监理机构之间的工作协作关系。环境保护监理方案的编写应符合下列基本要求。

1）环境保护监理方案应具有科学性。在编制环境保护监理方案时，只有重视科学性，才能提高环境保护监理方案的水平，有效地指导监理工作，并促进环境保护监理业务水平的提高。

2）环境保护监理方案的内容应具有针对性、指导性。每个项目的环境保护要求各有所不同，不得照搬以往的或其他项目的内容。环境监理机构只有根据所监理项目的特点和自身的具体情况编制环境保护监理方案，才能保证环境保护监理方案对将要开展的环境保护监理工作具有针对性的指导性。

3）环境保护监理方案应具有约束力。科学编制环境保护监理方案并在监理工作中认真落实，才能保证环境保护监理方案的严肃性和约束力，保证环境保护监理工作质量，建立环境保护监理单位的良好信誉。

（4）环境保护监理方案编制内容。环境保护监理方案的内容可根据所监理项目的环境保护要求不同而有所区别，一般包括下列内容：

1）工程项目概况。

a. 项目基本情况：项目名称、性质、规模、所在位置及投资情况。

b. 自然条件和社会经济状况：项目地貌、气候、水文、土壤、植被和社会经济状况等。

2）工程环境影响评价文件及批复意见主要内容、环境保护设计及批复意见主要内容。

3）环境保护监理组织机构。

4）环境保护监理工作范围、内容。

5）环境保护监理工作程序、方法、制度及设施设备。

6）环境保护监理工作要求。

a. 环境保护措施监理工作要求。

b. 环境保护达标监理工作要求。

c. 环境保护设施监理工作要求。

d. 对环境监测监控工作要求。

7）其他合同规定需要包括的内容。

2. 环境保护监理工作报告

环境保护监理工作结束后，环境保护监理单位应向建设单位提交环境保护监理工作总结报告。报告应在项目环境保护总监理工程师的主持下编写，全面总结建设项目环境保护监理成果。

环境保护监理工作报告提纲如下：

1 项目概况

 1.1 工程位置

 1.2 工程建设任务及设计标准

 1.3 主要技术特征指标

 1.4 工程主要建设内容

 1.5 工程布置

 1.6 工程投资

 1.7 主要工程量和总工期

 1.8 工程建设主要参建单位及建设内容

2 环境影响评价文件及批复意见的主要环境保护措施（根据批复意见对下述内容选择性编写）

 2.1 水环境保护措施

  2.1.1 保护目标

  2.1.2 砂石料加工废水处理措施

  2.1.3 混凝土拌和系统废水处理措施

  2.1.4 机修系统含油污水处理措施

  2.1.5 生活污水处理措施

  2.1.6 施工影响河段水质监测措施

  2.1.7 下泄生态流量保证措施

  2.1.8 下泄低温水影响减缓措施

 2.2 环境空气保护措施

  2.2.1 保护目标

  2.2.2 爆破开挖粉尘控制措施

  2.2.3 燃油废气控制措施

  2.2.4 混凝土加工系统粉尘控制措施

  2.2.5 交通粉尘扬尘控制措施

  2.2.6 人员防护措施

 2.3 声环境保护措施

  2.3.1 保护目标

  2.3.2 爆破噪声源控制

  2.3.3 施工设备噪声控制

6.8 人群健康保护措施落实情况

6.9 库区环保清理措施落实情况

6.10 移民安置环境保护措施落实情况

6.11 环境风险防范措施落实情况

7 环境监测情况分析

7.1 水环境质量监测

7.2 大气环境质量监测

7.3 声环境质量监测

7.4 固体废物处置监测

7.5 生态监测

7.6 人群健康监测

7.7 监测结果汇总分析

8 环境风险应急及处置情况

8.1 内部环境风险应急及处置情况

8.2 外部环境风险影响本工程的应急及处置情况

9 环境影响评价文件及批复执行情况总结

9.1 "三同时"落实情况

9.2 不一致情况说明（对比环境影响评价文件及批复内容进行描述）

10 环境保护监理结论及建议

3. 环境保护监理资料目录

环境保护监理资料包括以下内容：

（1）环境保护监理合同。

（2）环境保护监理机构成立文件及人员资质材料。

（3）环境保护监理方案。

（4）环境保护设计交底与图纸会审会议纪要。

（5）环境保护专项施工方案批复文件。

（6）环境保护措施计划批复文件。

（7）环境保护应急预案批复文件。

（8）环境保护监理通知。

（9）环境保护监理业务联系单。

（10）环境保护费用支付文件。

（11）环境保护主要往来文函及会议纪要。

（12）环境保护监理月报。

（13）环境保护监理专题报告。

（14）环境保护监理工作报告。

（15）环境保护声像资料。

（16）其他需归档的环境保护资料。

思 考 题

3-1 请简述水利工程施工环境保护监理的目标、依据、范围和时段。

3-2 水利工程施工环境保护监理机构的职责与权限是什么？

3-3 水利工程施工环境保护监理的主要工作内容有哪些？

3-4 水利工程施工环境保护监理方案的主要内容有哪些？

第四章　水利工程建设环境保护监理实例

20世纪80年代以来，我国正式开展了工程监理工作，在确保工程建设、提高工程建设水平、充分发挥投资效益方面起到了重要作用，但很长一段时间内，环境保护未能纳入工程监理，导致了施工阶段的环境污染和生态破坏。

长期以来，我国在建设项目环境保护管理工作中，比较重视工程前期的环境影响评价工作和工程的竣工环境保护验收工作，对工程施工期所带来的生态环境、水土流失、景观影响及环境污染等问题，管理上相对薄弱。工程环境监理工作作为建设项目环境保护工作的重要组成部分，是建设项目全过程环境保护管理不可缺少的重要环节。开展工程环境监理工作，对加强建设项目施工期的环境保护管理和监控、提高环境保护工作力度、保障建设顺利进行，具有重要的意义。

本章选取的四个典型案例均采用项目建设时段执行的相关法律法规、规程规范、技术标准等。

案例一　黄河小浪底水利枢纽工程环境保护监理

黄河小浪底水利枢纽是我国部分利用世界银行贷款、按照国际惯例进行建设管理的大型水利工程。根据世界银行对贷款项目的要求，并考虑工程的复杂性，小浪底工程建设中首次正规地引入了工程环境监理制度。1993年小浪底建设管理局成立的时候就配套成立了资源环境处；1995年9月，环境监理工程师进驻工地，在施工区和移民安置区开展了环境监理工作。实践证明，小浪底工程建设采用的是一种先进的环境管理模式，它能和工程建设紧密结合，使环境管理工作融入整个工程施工过程中，变被动的环境管理为主动的环境管理，变事后管理为过程管理，有效地控制和避免了工程施工过程中的生态破坏和新的环境污染问题的产生。

一、黄河小浪底水利枢纽工程概况

（一）工程位置和开发任务

1. 工程位置

黄河小浪底水利枢纽工程位于河南省洛阳市西北约40km的黄河中游最后一个峡谷的出口，上距三门峡水库130km，下距郑州市花园口128km。坝址左岸属河南省济源市，右岸为河南省洛阳市孟津县。小浪底坝址控制黄河花园口以上流域面积95%，坝址径流量和输沙量分别占全河总量的91.2%和近100%，是黄河干流在三门峡以下唯一能够获得较大库容的控制性工程，在治黄工作中具有重要的战略地位。

2. 工程开发任务

小浪底水利枢纽工程控制流域面积 69.4 万 km²，占黄河流域总面积的 92%。水库正常蓄水位 275m，总库容 126.5 亿 m³。小浪底水利枢纽是以"防洪（防凌）、减淤为主，兼顾供水、灌溉、发电，蓄清排浑，除害兴利"为开发目标的大型水利枢纽工程。

（二）枢纽工程

1. 工程规模和主要建筑物

小浪底水利枢纽为特大型工程，主要建筑物为一级建筑物。由大坝、泄洪洞群、地下发电厂房三大部分组成。

大坝坝顶高程 281m，最大坝高 154m，坝顶宽 15m，坝顶长 1667m，土石方填筑量 5185 万 m³。

各种泄洪引水洞 16 条，分层集中布置在左岸山体。泄洪建筑物包括：3 条孔板洞，3 条明流泄洪洞，3 条排沙洞，6 条饮水发电洞，1 条灌溉洞，1 条正常溢洪道。

地下式水电站厂房 1 座，装机 6 台，单机容量 30 万 kW，总装机容量 180 万 kW。

小浪底水利枢纽工程量大而且集中，施工期土石方明挖 3625 万 m³，洞挖 280 万 m³。土石方填筑总量达 5574 万 m³。工程总工期 8 年。

2. 施工总布置

小浪底水利枢纽工程施工区东西长约 18km，南北宽 7km，总占地面积 23.8km²，涉及孟津、济源、洛阳 3 县（市）7 个乡（镇）。

（1）生活营地。施工区生活营地主要分布在桥沟河两岸、东山、桐树岭、西河清、连地等地。生活营地产生的污染物主要是生活污水和生活垃圾。

业主营地和办公区位于桥沟河下游两岸，分东一区、东二区和西一区 3 部分。外籍 I 标、II 标和 III 标营地位于桥沟河中游右岸。I 标、II 标和 III 标中方劳务营地分别位于西河清、桐树岭、连地和东山。

（2）施工辅助企业。施工辅助企业分布在马粪滩料场、蓼坞和连地。马粪滩料场工作场地由 I 标负责管理。II 标和 III 标辅助企业如混凝土拌和系统、模具车间、钢筋加工厂、金属结构加工厂、混凝土预制构件厂、机械修配厂等主要布置在蓼坞工作场地，承包商工地办公室也布置于此。

砂石料主要取自连地滩，由 II 标负责开挖筛分，砂石料筛分系统布置在连地工作场地。

（3）土石料场。小浪底工程土料场和石料场均位于孟津县马屯乡境内：寺院坡土料场占地面积为 470 万 m²；会缠沟土料场占地面积为 10 万 m²；石门沟石料场位于南岸石门村附近，占地面积为 183 万 m²。

连地砂石料场和马粪滩反滤料场占地面积分别为 252.7m² 和 106 万 m²。

（4）堆（弃）渣场和料场。施工区共规划了 10 个渣场，堆渣容量 5633.97 万 m³，计划堆存 4903.02 万 m³。枢纽主体工程开挖土石方量为 4903 万 m³（松方），其中石方 2451 万 m³。弃渣场 4 个，分别是赤滩河渣场、小南庄渣场、上岭渣场和槐树庄渣场。回采上坝的堆料场均位于大坝下游，包括桥沟口堆渣场等。

（5）施工道路。施工区外线公路包括 1 号路和 10 号路。2～9 号路为施工道路，为便于道路维修，路面采用泥结石柔性路面。南岸 2 号、3 号、4 号、5 号路由Ⅰ标承包商管理，北岸 6 号、7 号、8 号、9 号路由Ⅱ标承包商管理。生活区通过支线公路与施工道路相连接。

（6）供水系统。供水系统由南北两岸供水系统组成。北岸供水系统包括蓼坞和洞群水源井，负责地下厂房生产和桥沟业主营地、外籍营地、中方劳务营地生活供水，由业主统一管理。连地中方生活营地通过自备水塔供水。南岸供水系统由Ⅰ标承包商管理，主要供Ⅰ标生产用水和西河清营地用水。

连地砂石料和马粪滩反滤料筛分生产用水取自料坑开挖过程中的黄河侧渗水。

（三）移民工程

小浪底水库移民工程是小浪底水利枢纽工程的重要组成部分，分为库区移民和施工区移民两部分，其中库区移民为整个移民工程的主体。

1. 水库淹没影响和移民安置规划

小浪底水库正常蓄水位 275m，水库淹没影响涉及河南省的济源、孟津、新安、渑池、陕县和山西省的垣曲、夏县、平陆 8 个县（市）29 个乡（镇）174 个行政村。工矿企业962 个，文物古迹 297 处。水库淹没影响总人口 18 万人，其中农村人口 16 万人，占总人口的 90%。淹没总土地面积 42 万亩，其中耕地面积 20 万亩，占总土地面积的 48%。

按照主体工程的建设进度和水库运用方式，库区移民共分为三期进行搬迁安置。第一期移民为围堰截流水位，即 EL180m 水位线以下的移民。第二期、第三期移民分别为EL180～265m 和 EL265～275m 区间的移民。规划移民安置区涉及 7 个市（地）13 个县，规划安置移民 18 万人，规划农村居民点 262 个。移民采用后靠、县内拆迁和出县远迁安置 3 种方式。

2. 施工占地影响和移民安置规划

施工区移民是指施工区范围内以及受施工区征地影响而需搬迁的群众。施工占地涉及孟津和济源两县（市）。施工占地总面积 22.16km^2，其中耕地 1.99 万亩；影响人口 9875人，其中农业人口 9497 人；影响房窑 30 万 m^2。

施工区移民采用后靠和拆迁进行安置，安置区涉及 6 个乡，为移民划拨耕地 8778 亩。非农业安置采用投亲靠友、到效益好的企业就业以及发展第三产业安置等。为安置移民建设居民点 24 个，其中本村后靠 20 个点，安置 4899 人；本乡拆迁 3 个点，本县近迁 1个点。

二、小浪底工程环境保护监理的由来及意义

（一）小浪底工程环境保护监理的由来

黄河小浪底水利枢纽工程是我国部分利用世界银行贷款、按照国际惯例进行建设管理的水利工程。根据世界银行对贷款项目的要求，以及落实我国政府与世界银行签订的贷款协议中有关环境保护的条款，小浪底工程需解决施工阶段造成的环境污染和生态破坏问题，在建设过程中引入第三方机构参与环境保护工作，为小浪底建设管理局提供环境技术

服务，形成有效的约束机制。在这种背景下，开始了小浪底工程的环境保护监理工作。小浪底工程的工作实践证明，环境保护监理是一种新型的环境管理方式，它可以有效控制工程施工阶段的环境污染和生态破坏，达到工程建设与环境保护双赢的目标。

（二）小浪底工程环境保护监理的意义

小浪底工程施工期间所产生的环境影响，以不利影响居多，如废水和废气排放、废渣堆放、噪声污染、生态环境破坏、人群健康影响等。伴随着工程建设而产生的这些不利影响，只有通过过程管理，即把环境管理工作融入整个工程实施过程中，变事后管理为过程管理，变环境管理由单纯的强制性管理为强制性和指导性相结合的管理方式，才能在工程建设过程中实施消除污染、保护环境的措施，以消除环境问题产生的根源，大大减轻事后治理所要付出的代价，从而使环境保护由被动治理污染变为主动预防和过程治理污染。

在小浪底工程可行性研究和初步设计阶段，分别完成了施工环境影响评价和环境保护措施设计的内容。在工程的招投标阶段，标书中也包含有环境保护条款。为了将这些环境保护措施付诸实施，在施工期开展环境保护监理工作，即为一项重要的保证措施。

在小浪底工程施工现场，由于环境保护监理工作的开展：①避免了施工现场脏、乱、差的现象，使施工物品堆放井然有序；②通过定期体检、提供安全合格的饮用水，保证了施工人员的身体健康；③由于环境保护监理的介入，施工活动对周边地区的环境影响如噪声、粉尘污染等问题得到了及时的处理，妥善解决了承包商和周边居民的矛盾纠纷，群众干扰施工的现象大幅减少，从环保角度保证了工程的施工进度；④在做好施工组织设计的前提下，可以保证弃渣、堆料一次到位，不致造成二次或多次返工等。

同时，在小浪底工程的招标中，施工环境保护费是以间接费用形式计入合同价的，施工过程中环境保护投入越少，承包商赢利就越多。承包商完成工程的目的是追求最大的利润，他们重视的往往是自身的利益，忽视对环境造成的伤害。因此，单靠他们的自觉行为遵守、执行合同中的环境保护条款，主动花钱治理或解决环境问题，显然是不现实的。可见，承包商的环境保护工作具有一定的强制性和被动性，只有通过加强环境管理和环境保护监理工作，才能保证环境保护工作的顺利实施。

三、黄河小浪底水利枢纽工程环境监理时段

黄河小浪底前期工程开工于 1991 年 9 月，1994 年 4 月提前完成。前期工程主要包括施工区外线公路、内线公路、留庄转运站、供水设施、生活营地，施工区移民征地拆迁等。

根据世界银行开发信贷协议，业主对小浪底大坝、泄洪洞群、饮水发电系统 3 个主体土建工程，采用了国际竞争性招标的方式，按照世界银行要求和国际咨询工程师联合会（FIDIC）推荐的标准招标程序，选择了合格的承包商。通过国际竞争性招标，业主以比较低的价格选择了以意大利英波吉罗公司为责任公司的黄河承包商联营体、以德国旭普林公司为责任公司的中德意联营体和以法国杜美思公司为责任公司的小浪底联营体，并分别授予了大坝、泄洪洞群、饮水发电系统 3 个标段的施工合同。

黄河小浪底水利枢纽主体工程于 1994 年 5 月正式开工。1997 年 10 月 28 日实现工程

截流，1999 年 10 月 25 日小浪底水库正式下闸蓄水、第一台机组于 2000 年 1 月 8 日正式并网发电。2000 年 7 月大坝填筑至设计高程，2001 年主体工程竣工。

黄河小浪底建设管理局作为工程的建设单位，于 1995 年委托黄河水利委员会勘测规划设计研究院（现为黄河勘测规划设计有限公司）承担小浪底水利枢纽工程施工区环境监理工作，环境监理人员于 1995 年 9 月正式进驻现场全面开展环境监理工作。环境监理工作结束于 2001 年，环境监理工作基本贯穿于主体工程建设期。

从黄河小浪底水利枢纽工程开工时间及环境监理进驻现场的时间对比来看，环境监理工作滞后于工程开工建设的时间，因此使后来的环境监理工作在某些方面形成了较为被动的局面。

通过黄河小浪底水利枢纽工程的环境监理实践，水利工程环境监理的主要时段应为工程建设期。工程建设期应包括工程开工建设至竣工验收结束的全过程。对施工准备期（筹建期）较长、相应工程量较大的建设项目，监理时段还应包括施工准备期（筹建期）。

四、黄河小浪底水利枢纽工程环境监理的目标、依据、范围与作用

（一）环境监理的目标

小浪底水利枢纽工程环境监理主要目标为：

（1）以适当的环境保护投资充分发挥本工程潜在的效益。

（2）使环境影响评价报告书中所确认的不利影响得到缓解或消除。

（3）落实招标文件中环境保护条款及与环境监理有关的合同条款。

（4）施工区没有大规模的传染病暴发和流行。

（5）实现工程建设的环境、社会与经济效益的统一。

（二）环境监理的依据

小浪底水利枢纽工程环境监理的依据除国家环境保护政策、法规及合同标书外，还包括环境影响评价报告书的相关内容、环境保护设计、合同中有关环境保护的条款和环境保护管理办法、环境保护工作实施细则等。

1. 环境影响评价报告书的相关内容

小浪底水利枢纽工程环境影响评价报告书中，编制了"环境监测"和"环境管理规划"的内容。对施工期开展环境监测工作做出了详细的规划，对不利影响提出了应该采取的环境保护措施。

2. 合同条款

纳入小浪底水利枢纽工程施工合同条款中有关环境保护的条款。

3. 环境保护管理办法

为了说明小浪底水利枢纽工程合同中较为笼统的环境保护条款，进一步明确合同中部分条款所隐含的内容，环境监理人员编制了《施工区环境保护管理办法》和《环境保护工作实施细则》，它们与合同具有同等的约束效力。

（三）小浪底水利枢纽工程环境监理的范围

小浪底水利枢纽工程施工区开展环境监理工作的主要目的是落实环境影响评价报告书

提出的环保措施，将施工活动产生的不利环境影响降低到可接受的程度。监理工作贯穿于施工全过程，涵盖了施工区的方方面面。

小浪底工程施工区环境监理的工作范围包括各标承包商及其分包商施工现场、工作场地、生活营地、施工区道路、业主办公区和业主营地、供水水厂等所有可能造成环境污染和生态破坏的区域。

（四）小浪底水利枢纽工程环境监理的作用

小浪底水利枢纽工程环境监理的作用包括以下 5 个方面。

1. 预防功能

预测小浪底工程实施过程中可能出现的环境问题，事先采取措施进行防范，以达到减少环境污染、保护生态环境的目的。

2. 制约功能

小浪底工程建设涉及的环境保护工作受多种因素的制约和影响，需要对各部门、各环节的工作进行及时的检查、牵制和调节，以保证整个过程的平衡协调。

3. 参与功能

环境监理单位作为经济独立的、公正的第三方，参与工程建设全过程的环境保护工作，对与工程有关的重大环境问题参与决策。

4. 反馈功能

监理单位在对监理对象的监督、检查过程中，可以及时发现被监理单位和被监理事项中存在的问题，收集大量的信息，并随时对信息进行反馈，为有关部门提供改进工作的科学依据。

5. 促进功能

环境监理的约束机制不仅是限制功能，而且是促进功能。促进环境保护工作向更规范化方向发展，促使更好地完成防治环境污染和生态破坏的任务。

五、黄河小浪底水利枢纽工程环境监理工作程序、方式

（一）小浪底工程环境监理工作程序

受小浪底建设管理局委托，黄河水利委员会勘测规划设计研究院承担了施工区环境监理工作，监理人员按照下列工作程序有条不紊地开展了环境监理工作。监理工作程序如下：

（1）与业主签订小浪底工程环境监理合同，通过委托合同明确业主与工程环境监理单位的关系。

在小浪底工程环境监理委托合同中，明确环境监理挂靠小浪底工程咨询有限公司总监办（安全部）。环境监理工程师与承包商之间的文件来往，如下发问题通知单、接收对方来文等，都是通过安全部传递的。施工区环境监理工作既是工程监理的重要组成部分，同时又具有一定的独立性，工作程序如图 4-1 所示。

（2）环境监理工程师进入现场后，认真审阅设计文件中有关环境保护的内容以及合同文件中的环境保护条款。

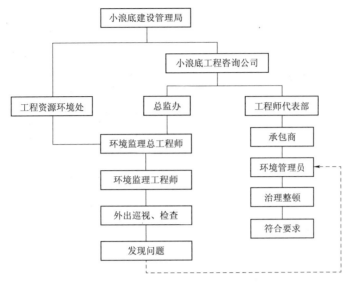

图 4-1 小浪底工程施工区环境监理工作程序

（3）编制小浪底工程施工期环境保护管理办法和环境保护工作实施细则。

（4）主持召开第一次工地环境会议，邀请业主参加，所有承包商都必须到会，明确有关环境监理的事宜。

（5）要求承包商建立环境保护体系，并检查其合理性。

1995年10月，小浪底工程环境监理通过工程咨询有限公司向承包商下发了《关于施工区环境监理工作的实施意见》的通知（以下简称《意见》），要求承包商选派合格的专职人员，负责本单位的环境保护工作。小浪底国际标的3家责任公司均来自发达国家，现场经理和高级职员环境保护意识比较强。根据《意见》以及环境监理工程师的要求，承包商都陆续组建了环境保护体系。由于环境保护工作涉及范围广、部门多，一般采用矩阵型管理模式，即现场经理下设环境保护办公室，由环境保护员专职负责标内环境保护工作。Ⅱ标承包商环境保护监理组织机构如图4-2所示。

（6）进行现场巡视和旁站监理，发现问题及时下发整改通知，监督按期完成整改，做好事中监理。

（7）定期召开施工工地的环境保护例会，总结施工中出现的环境问题，提出下阶段工作计划。

（8）每月编制施工环境监理月报告，并向业主提交报告。

（9）编制半年度环境监理报告，并报送业主和世界银行咨询专家。

（10）报送施工期环境监理工作总结和交工资料。

（11）协助业主进行环境保护工程的竣工验收工作。

（二）小浪底工程环境监理工作方式

水利水电工程施工区环境监理的工作方式和工程监理有相同的地方，也有不同之处。环境监理人员同工程监理人员一样常驻工地，根据施工区污染源分布情况，环境监理工程

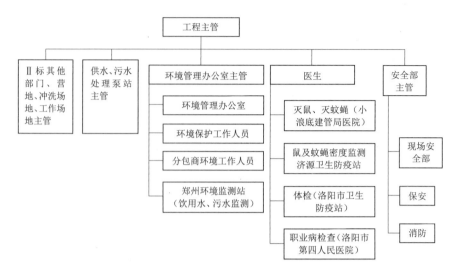

图 4-2　小浪底Ⅱ标承包商环境保护监理组织机构图

师定期对施工区进行巡视。巡视过程中如发现环境污染问题，口头通知承包商环境管理员限期处理，然后以书面函件形式予以确认。对要求限期处理的环境问题，环境监理工程师按期进行检查验收，并将检查结果形成检查纪要下发承包商。

六、黄河小浪底水利枢纽工程环境监理有关各方的职责和权利

（一）环境监理机构的职责和权利

黄河小浪底水利枢纽工程在业主下发的《意见》中对环境监理工程师的责任与义务做出了明确的规定，赋予了环境监理工程师参与工程管理的权利。根据《意见》的要求，环境监理人员有参加审查会议的资格，就承包商提出的施工组织设计、施工技术方案和施工进度计划提出环境保护方面的改进意见，以保证环境保护措施的落实和工程的顺利进行，以及审查承包商进场施工机械设备的环境保护指标，同工程监理一道参与工程的验收等。

1.《意见》中规定的职责和权利

《意见》明确指出：工程质量认可包括环境质量认可，单元工程的验收凡与环境保护有关的必须有环境监理工程师签字。具体包括以下几个方面：

（1）受业主委托，监督、检查小浪底水利枢纽工程区的环境保护工作。

（2）审查承包商提出的可能造成污染的材料和设备清单及其所列的环境保护指标，审查承包商提交的环境月报告。

（3）协调业主和承包商的关系，处理合同中有关环境保护部分的违约事件。

（4）对承包商施工过程及竣工后的现场，就环境保护内容进行监督与检查。

（5）对检查中发现的环境问题，以问题通知单的形式下发给承包商，要求限期处理。

（6）环境监理工程师每月向业主提交一份月报告，半年提交一份进度评估报告，并整理归档有关资料。

（7）环境监理工程师有权反对并要求承包商立即更换由承包商提供的而环境监理工程

师认为是渎职者或不能胜任环境保护工作或玩忽职守的环境管理工作人员。

2. 根据实践总结的职责和权利

根据小浪底水利枢纽工程环境监理的实践，环境监理的职责和权利还应包括以下内容：

（1）遵守执行国家和地方的有关环境保护法规。

（2）填写监理巡视记录，记录巡视情况、存在的环境问题和解决情况。

（3）总监理工程师在授权范围内发布有关指令，签认所监理的环保工程项目有关款项的支付凭证。

（4）参加由实施单位组织的初步验收和由业主或有关主管部门主持的竣工验收活动。

通过小浪底水利枢纽工程的环境监理可以体会到：为了确保水利工程建设期间各项环境保护得到真正落实，在规定环境监理的职责和权利的同时，也应明确业主和承包商在环境保护方面的职责和权利。

（二）业主的职责和权利

初步认为，业主的职责和权利主要应包括：

（1）执行国家有关环境保护的方针、政策、法令。

（2）全面负责工程施工期的环境保护工作。

（3）支持并协助监理单位开展环境监理工作，组织落实审批环境影响评价报告书、环境保护方案以及后续设计文件中提出的有关环境保护对策措施。

（4）负责或组织制定有关环境保护规章制度、规划、计划等，并负责组织实施。

（三）承包商的职责和权利

承包商的职责和权利主要应包括：

（1）遵守执行国家和地方的有关环境保护法规、标准以及合同规定的有关环保条款。

（2）按照与业主签订的工程建设合同的规定接受工程建设期环境监理。

（3）建立辖区内的环境管理体系，并明确一名合格的环境管理工作人员，负责本辖区内的环境保护工作。

（4）根据工程总体施工计划和施工方案，按照设计文件中环境保护要求，在工程开工时，编制《环境管理计划》，并提交环境监理审查。

（5）随时接受业主、工程师关于环境保护工作的监督、检查，并主动为其提供有关情况和资料。

（6）主动向业主或环境监理工程师汇报本辖区可能出现或已经出现的环境问题以及问题的解决情况。

（7）每月编制一份环境月报送达环境监理工程师，月报应对本标内的环境监测、"环境问题通知"的响应等有关环境保护工作的履行情况进行全面总结。

（8）由于业主违约造成的损失，承包商有权提出索赔。

（9）对预期或已经对环境造成破坏或污染的施工活动，承包商有权提出拒绝该施工活动的申请，报请环境监理单位审查，由业主批复。

七、小浪底工程环境监理与参建各方之间的关系

（一）与工程监理的关系

小浪底工程施工区的环境监理是工程监理的一个组成部分，但又具有相对的独立性。环境监理工作实行环境监理总工程师负责制。具体工作由现场环境监理工程师承担。在工作过程中，环境监理工程师对承包商违反环境保护条款的行为提出书面查处意见，经环境监理总工程师同意后下发承包商执行。具体由各标中的专（兼）职环境保护人员负责监督执行，并将结果反馈给环境监理总工程师。但对施工过程中出现的重大环境问题，特别是与工程进度有直接关系的环境事件，须由工程总监理工程师签署意见后方可下发各承包商，工程总监理工程师在施工中如发现必须处理的环境问题，可责令环境监理工程师提出意见。

（二）与业主、承包商的关系

环境监理单位是业主和承包商之外的经济独立第三方。它是严格按照合同条款独立、公正地开展工作，即在维护业主利益的同时，也必须维护承包商的合法权益。业主与环境监理单位的关系是经济法律关系中的委托协作关系（即是双重关系，不仅有经济合同关系，还有工作关系），业主与承包商间的关系只是一种经济合同关系。业主与承包商就环境保护方面的联系必须通过环境监理工程师，以保证命令依据的唯一性。环境监理单位与承包商的关系是一种工作关系，即工程施工环境保护工作中的监理和被监理的关系，三者间关系如图4-3所示。可见，由于环境监理单位的存在构成了业主、环境监理单位、承包商三方相互制约的环境管理格局。

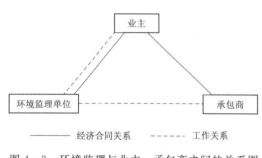

图4-3 环境监理与业主、承包商之间的关系图

（三）与环境监测的关系

小浪底水利枢纽工程环境监理工作的实践证明，环境监理与环境监测间的关系是一种互为补充的关系，在环境管理中二者缺一不可。根据小浪底工程环境保护工作的要求，在开展施工区环境监理工作的同时，也要开展环境监测工作。环境监测是施工区环境要素的动态反映，是环境管理和环境监理工作的重要依据。监测数据服务于监理，如在监理过程中发现突发性环境污染事故，必须立即开展环境监测工作，使环境监理依据可靠的现场资料进行科学的决策。这样不但改善了因时间差造成的损失，而且大大提高了环境监理工作的质量。另外，环境监理工程师根据施工进度不断调整监测断面布设位置和监测要素。

八、黄河小浪底水利枢纽工程环境监理内容

黄河小浪底水利枢纽工程环境监理的具体内容主要包括生活饮用水的安全、生产废水处理、生活污水处理、固体废弃物处理、大气污染防治、噪声控制、环境与安全以及生态环境保护等。

（一）生活饮用水的安全

为了确保小浪底水利枢纽工程施工人员生活饮用水安全可靠，环境监理工程师主要是监督承包商做好预防保护、加氯消毒和水质监测等3项工作。

1. 做好饮用水水源地的预防保护工作

对生活饮用水水源为地面水的，在取水点上游1000m至下游100m的水域不准排入生产废水和生活污水；对生活饮用水水源为地下水的，除防止地下水源污染外，水井口还要高出周围地面30～50cm，并设置井台井盖以防雨污水等进入。在水源地（包括水厂）附近设置了明显的卫生防护带，在防护带内不准堆放垃圾、粪便、废渣，不准修建渗水坑、渗水厕所，不准铺设污水管道，不准居住工人等。

2. 保障生活供水系统的卫生

环境监理工程师要求各承包商按照卫生标准对生活供水系统进行净化，小浪底水利枢纽工程主要是通过加氯消毒的方式完成生活供水系统的净化过程。

3. 保证管网末端的水质安全

环境监理工程师要求供水单位必须对用氯量、余氯量以及加氯系统运行情况做出记录，并对水质进行定期监测。对此，环境监理工程师定期到现场进行检查并查阅相关记录，必要时通知外部监测单位对水质进行监测。

在小浪底水利枢纽工程集中供水的蓼坞水厂，承担着5个营地生活用水的供应任务。为了保证供水水质的安全，环境监理工程师专门要求监测单位对水质进行了监测，监测结果表明大肠杆菌超标。对此，工程师立即要求集中供水的蓼坞水厂购买并安装消毒机。在安装了SD-200型的水电化消毒机并开始投入运行后，工程师又要求运行过程中每个台班都要对水质进行监测，并检查监测记录。这些措施的实施，保证了蓼坞水厂供水的水质安全。

（二）生产废水处理

为了使接纳小浪底水利枢纽工程施工废水的黄河水质不降低水体原有的功能和水质等级，根据规定，承包商及各施工经营单位排出的生产废水不得超过《污水综合排放标准》（GB 8978—1996）一级标准。基于此，环境监理工程师对生产废水处理措施如沉淀池、油水分离器等进行监督检查。

小浪底水利枢纽工程砂石料冲洗等废水主要采用经沉淀池沉淀后循环利用的方式进行处理。混凝土拌和废水、混凝土浇筑、基坑等废水含有大量的悬浮物，需经沉淀池沉淀后排出。

小浪底水利枢纽工程的施工车辆多，洗车台废水含油量大，为了防止含油废水直接排放造成污染，环境监理工程师要求含油废水必须经过油水分离器处理或隔油池处理以后方可排出。

（三）生活污水处理

为使生活污水不对周围水域造成污染，环境监理工程师要求生活污水要先经过化粪池发酵杀菌后，由地下管网输送到无危害水域。化粪池的有效容积应能满足生活污水停留一天的要求。同时，化粪池要定期清理，以保证它的有效容积。

另外，监理工程师还要求承包商对排污口排出的生活污水进行内部监测，每月监测一次，由监理工程师检查监测结果并现场检查处理结果，必要时监理工程师还指派有资质的监测单位对其排放的污水进行专门监测。

（四）固体废弃物处理

小浪底水利枢纽工程施工区固体废弃物处理主要包括生产、生活垃圾和生产废渣处理。

对于固体废弃物处理，环境监理工程师按照合同规定，在工程施工期间，要求承包商合理地保持现场不出现不必要的障碍物，存放并处置好承包商的任何设备和多余的材料。

当主体工程竣工时，要求承包商从现场清除任何废料、垃圾，拆除和清理不再需要的临时工程，保持移交工程及工程所在现场清洁整齐，达到使监理工程师满意的状态。

（五）大气污染防治

小浪底水利枢纽工程施工区大气污染主要来源于施工和生产过程中产生的废气和粉尘。为防治运输扬尘污染，环境监理工程师要求承包商及各施工单位装运水泥、石灰、垃圾等一切易扬尘的车辆，必须覆盖封闭。

对道路产生的扬尘，工程师要求采取定期洒水措施。各种燃油机械必须装置消烟除尘设备。砂石料加工及拌和工序必须采取防尘措施。严禁在施工区焚烧会产生有毒有害或恶臭气体的物质。

（六）噪声控制

为防止噪声危害，对产生强烈噪声或振动的施工单位，监理工程师要求承包商采取减噪降振措施，选用低噪弱振设备和工艺。对固定噪声源如混凝土拌和系统、砂石料加工系统、制冷系统等要求安装消音器，设置隔音间或隔音罩。

对接触移动噪声源如钻机、振动碾、风钻等的人员，必须发放和要求佩戴耳塞等隔音器具。在靠近生活营地和居民区施工的单位，必须合理安排作业时间，减少和避免噪声扰民，并妥善解决由此而产生的纠纷，负担相应的责任。另外，当敏感点距离声源较近时，应采取声屏障或搬迁等措施。

（七）环境与安全

保护环境的目的是保护人，因此，人群健康及安全是小浪底各级工程管理部门的领导和世界银行的专家最关心的问题，也是环境监理工程师最关注的环境因素。在小浪底水利枢纽工程建设过程中，环境监理工程师重点检查的内容包括：

（1）在施工过程中，承包商是否按操作要求提供了有益于工人身心健康和有安全保障的生产条件。

（2）在承包商的安全管理体系中，是否在工地人员中设有一名或多名专门负责有关安全和防止事故的人员。这些人员要能胜任此项工作，并有权为预防事故而发布指令和采取保护措施。

（3）承包商要采取适当预防措施以保证其职员与工人的安全，并应与当地卫生部门协作，按其要求在整个合同的执行期间自始至终在营地住房区和工地确保配有医务人员、急救设备、备用品、病房及适用的救护设施，并应采取适当的措施以预防传染病，提供必要的福利及卫生条件。

（4）承包商应自始至终采取必要的预防措施，保护在现场所雇用的职员和工人免受蚊蝇、老鼠及其他害虫的侵害，以免影响健康和患寄生虫病。承包商应遵守当地卫生部门一切有关规定，特别是安排使用经过批准的杀虫剂对所有建在现场的房屋进行彻底喷洒，这一处理至少应每年进行一次或根据监理工程师的指示进行。

（5）为了有效地防治传染病和职业病，承包商应遵守并执行中国政府或当地医疗卫生部门制定的有关规定、条例和要求。

（八）生态环境保护

小浪底工程环境监理工程师要求承包商落实工程施工期间的野生动植物保护措施，包括各种迁移、隔离保护等各项措施。

关于小浪底水利枢纽工程施工后期的工地绿化工程，环境监理工程师主要要求承包商按照绿化工程质量目标，从功能性、美观性、可管护性、与周围环境的协调性以及植物的适应性等方面严格选用苗木种类、规格，控制苗木质量和苗木包装及运输的合理性等。同时，环境监理工程师要在绿化现场检查监督承包商的施工工艺及施工质量，以保证绿化苗木种植后的成活率。

通过小浪底水利枢纽工程环境监理工作的实践，水利工程环境监理的工作主要包括两方面的内容：即环境保护工程监理和环境保护达标监理。环境保护工程监理主要是指对为了保护施工期间或运行期间环境所建设的各种环境保护工程进行监理，这些工程包括水源保护区的保护工程、污水处理工程、固体废弃物处理工程、声屏障、边坡防护工程、绿化工程等。环保达标监理是指对水利工程主体工程施工是否符合环境保护要求，施工过程中产生的噪声、出现的废气、排放的污水等是否达到有关的标准进行监理，要求实现达标排放。

九、黄河小浪底水利枢纽工程环境监理工作制度

（一）环境监理现场工作记录

环境监理工程师每天根据工作情况做出工作记录（监理日记），重点描述现场环境保护工作的巡视检查情况、当时发现的主要环境问题、问题发生的责任单位、分析产生问题的主要原因以及工程师对问题的处理意见。现以一篇工程师日记为例，见表 4-1。

表 4-1　　　　　　　　　环 境 监 理 工 作 日 记

1998 年 8 月 26 日	星期	三	天气	雨	
工程项目		环境监理	填写人	×××	
工作内容	上午 9：00—10：00 到 I 标马粪滩工作场地进行检查，重点是机修车间的废水处理系统，发现存在以下问题： （1）系统未按设计图纸标注的处理流程进行运行，废油只集中在前两个池中，而未进入集油池。 （2）该系统目前还由人工操作，由于现操作人员缺乏相应的操作知识，导致废油外溢				
处理结果	现场口头通知： （1）系统必须严格按照设计图纸标注的处理流程程序运行。 （2）立即调换熟悉该操作系统的工作人员，停岗人员必须经过培训掌握操作知识后才可再从事此项工作；次日下发书面通知				

（二）报告制度

小浪底施工期环境监理报告是工程建设中环境保护工作的一项重要内容。环境报告的

作用：①在业主、工程师、承包商之间起信息传递作用；②世界银行代表团及国际咨询专家了解施工区环境保护工作的重要渠道；③总结阶段性工作、指导今后工作的开展。目前，施工区编制的环境报告主要有环境监理工程师的月报、工程师半年进度评估报告以及Ⅰ标、Ⅱ标、Ⅲ标承包商的环境月报。其中环境监理工程师半年进度评估报告除提交建管局资源环境处外，还供世界银行代表团以及移民环境国际咨询专家组审议。

根据我国政府和承包商签订的合同文件，承包商必须对本辖区内的环境保护工作负责。据此，Ⅰ标、Ⅱ标、Ⅲ标承包商每月分别向环境监理工程师提交一份月报，汇报本标内的环境状况。环境监理工程师，作为业主和承包商之外的第三方，监督、检查承包商的环境工作，进行定期或不定期的现场巡视，协调业主和承包商之间的关系，每月向业主提交一份环境月报。为了让世界银行代表团及国际咨询专家了解施工区的环境进展情况，环境监理工程师每半年还需要编制一份环境进度报告。业主环境机构也要通过书面报告定期或不定期向世界银行汇报整个施工区内的环境保护工作。国际咨询专家通过现场考察和审阅业主工程师的报告，编制一份咨询报告，提出自己对上阶段工作的看法以及今后工作的意见，各环境报告之间关系如图4-4所示。

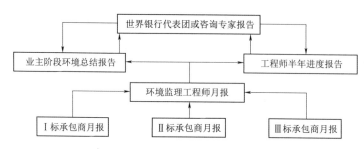

图4-4 小浪底工程施工期各环境报告之间关系图

（三）函件来往制度

环境监理工程师与承包商之间只是一种工作关系，因此，在工作过程中，双方需要办理的事宜都是通过函件进行传递或确认的。工程师在现场检查过程中发现的环境问题，都是通过下发问题通知单的形式，通知承包商需要采取的纠正或处理措施。环境监理工程师对承包商某些方面的规定或要求，一定要通过书面的形式通知对方。有时，因情况紧急需口头通知的，随后必须以书面函件形式予以确认。

现将环境监理工程师发给承包商的《关于环境月报内容的通知》附下：

水小监安149号环〔98〕15号

题目：关于环境月报内容的通知

先生：

为更好地保护施工区环境，满足世界银行代表团及小浪底环境移民国际咨询专家组对环境保护工作的要求，现对你标环境月报包括的内容作以下规定。

1. 供水

（1）供水系统。说明各工作场地、生活营地、生活用水系统布设情况。

（2）水质处理措施。说明在保护生活饮用水方面做了哪些工作，包括水源地保护、消毒情况及蓄水配水和输水设备的管理情况等。

（3）饮用水的卫生情况。重点描述取样地点、水质检验结果及分析评价。

2. 生活污水处理

（1）排污系统。说明各工作场地、生活营地、生活污水排放系统布设状况。

（2）污水处理情况。说明监测点位置（附布置图）、监测结果及分析评价。

（3）对排污河流的影响。说明排污去向及对纳污河流的影响。

3. 生产废水

（1）收集处理。说明由于工程施工产生的生产废水种类，为保护环境采取了哪些措施。

（2）对排放河流的影响。说明排污去向及对纳污河流的影响。

4. 生活垃圾

（1）收集。垃圾箱布设及垃圾收集情况。

（2）处理。垃圾集中处理情况。

5. 生产垃圾

（1）收集。垃圾箱布设及垃圾收集情况。

（2）处理。垃圾集中处理情况。

6. 大气污染

（1）粉尘。说明在控制道路扬尘方面做了哪些工作。

（2）其他。说明在可能产生大气污染的施工现场采取了哪些防治措施。

7. 噪声

对由于施工活动产生噪声污染较大的地方，应说明噪声污染严重情况（包括监测数据）以及采取的措施。

8. 防洪排水

说明各工作场地、生活营地雨水沟布设情况。

9. 卫生防疫

（1）体检。列出年度体检计划。若本月进行了体检，要说明体检情况。

（2）疾病统计。标内诊所对疾病的统计情况。

（3）灭蚊蝇情况。蚊蝇密度监测情况、灭蚊蝇实施情况及结果。

（4）灭鼠情况。鼠密度监测情况、灭鼠实施情况及结果。

10. 其他

（1）有关图纸在每年2月、8月的月报里附上完整的一份。

（2）每项工作表述要详细具体。

（3）说明收到环境监理工程师通知后的响应情况。

XECC 环境监理

1998 年 6 月 9 日

拟稿：×××

校稿：×××

签发：×××

（四）环境例会制度

环境例会制度是深化环境监理工作的重要措施之一。1998年6月环境监理工程师根据合同特别条件17.2条致函承包商，要求建立环境例会制度，每月召开一次环保会议。通过环境例会，承包商对本标内一月来的环境保护工作进行回顾总结，工程师对该月各标的环境保护工作进行全面评议，肯定工作中的成绩，提出存在的问题及整改要求。每次会议都要形成会议纪要（下面列出的是其中的一次会议纪要）。

环境例会会议纪要

时间：1998年6月22日上午8：30—11：30

地点：建管局招待所一楼会议室

参加人员：

资环处：（人员名单略）

安全部：（人员名单略）

环境监理：（人员名单略）

宣传处：（人员名单略）

Ⅰ标承包商：（人员名单略）

Ⅱ标承包商：（人员名单略）

Ⅲ标承包商：（人员名单略）

会议由资环处某处长主持。中心议题是对承包商5月的环境保护工作进行检查和评议，提出改进意见，其中重点强调了施工区的卫生防疫工作。

会议分3个议程：①布置下月卫生防疫工作；②承包商对本标5月的环境保护工作进行汇报；③环境监理工程师对承包商提交的环境月报进行评议。在会议上对施工区环境保护工作达成了以下几点共识：

（1）承包商提交的环境月报格式按照6月9日签发的《关于环境月报内容的通知》的要求编写。

（2）反映本月环境保护工作内容的月报最迟提交日期为下月15日。

（3）承包商对自己辖区内的鼠密度要每月监测一次。

（4）7月上旬施工区及其周围区域将统一进行一次灭蚊蝇工作，具体要求随后将发文确认。

（5）环境例会形成制度，时间定在每月下旬第一个星期一上午8：30，地点在建管局招待所一楼会议室，参加单位为本次到会的所有单位。

（6）环境监理工程师巡视发现问题现场口头通知后，随后要发文确认。

（7）关于对施工人员体检的要求会后将发文确认。

环境监理工程师的评议意见附后（Ⅰ标、Ⅲ标承包商月报评议意见略）。

对Ⅱ标承包商环境月报的评议

Ⅱ标承包商1998年5月环境月报从饮用水、生活污水、生产废水、扬尘控制、噪声防治、有害气体监测、生产生活垃圾处理、传染病控制等方面对采取的措施和工作内容进行了描述。环境月报内容较为全面，对采取的污染控制措施描述清晰，世界银行专家和环境监理工程师的要求也得到了体现。但月报中仍存在以下几个问题需加以改进：

（1）生产废水（上下游拌和楼废水）应每月进行一次监测，但报告中未反映有关工作内容。

（2）饮用水监测点未附位置示意图。

（3）月报中未列出鼠密度监测结果，以及灭鼠灭蚊的实施情况。

（4）未附雇员体检结果表。

（5）报告中仅列出了污水的监测结果，未对监测数据进行合理性分析，对超标严重的指标没有分析原因，也没有提出降低污染指标数值的措施。

环境监理工程师：×××

1998 年 6 月 18 日

环境例会制度的建立，不仅加强了环境监理工程师的作用与地位，强化了环境监理工程师与承包商的联系，而且也给各标承包商的环境管理人员提供了一个相互交流、相互学习的机会，通过相互交流和学习，共同提高施工区环境保护管理工作。环境例会制度给承包商的环境保护工作带来了压力和动力，对促进施工区环境保护工作起到了积极的作用。

十、黄河小浪底水利枢纽环境监理工作效果

1991 年 9 月小浪底前期工程开工，至 1994 年年底前期工程完工。1994 年 9 月承包商陆续进驻工地，主体工程开工建设。小浪底建管局于 1993 年成立了资源环境处（又称环境管理办公室），1995 年 9 月环境监理工程师进驻工地，施工区环境保护工作开始启动，小浪底环境管理规划、环保措施逐步付诸实施。健全完善了环境管理及监理体系，开展了环境监理和监测工作。《黄河小浪底水利枢纽工程施工区环境保护管理办法》和《黄河小浪底水利枢纽工程施工区环境保护工作实施细则》的编制实施，标志着黄河小浪底水利枢纽工程环境保护管理工作走上了规范化、科学化的轨道。

承包商以及他们的分包商是施工期环境保护工作的实施主体。为保证环境保护工作的顺利实施，根据环境监理工程师的要求，承包商逐步建立了自身的环境保护体系，对辖区内的环境保护工作进行内部检查和监督。每个月根据各部门环境保护工作情况编制环境月报告，报环境监理工程师审查。

为保证饮用水的安全合格和污染源达标排放，根据环境监理工程师的要求，承包商相继开展了生活饮用水监测，生产废水、生活污水排污口监测，地下工程有毒有害气体监测以及工作现场、施工道路粉尘、噪声监测。地下工程有毒有害气体监测每天或每周一次，其他项目每月监测一次。定期的环境监测，对促进承包商环境保护工作的自我完善与提高起到了积极的作用。

根据合同要求，施工期环境保护措施得以逐步落实，具体体现在以下几个方面。

（一）生活饮用水

小浪底施工区供水采取相对集中的供水方式，生活饮用水处理流程包括沉淀、过滤、

加氯消毒等。除此之外，承包商外籍营地还对生活饮用水进行了深度处理。加氯消毒的同时，业主还加强了水源地的保护，生活饮用水水质均符合国家《生活饮用水卫生标准》（GB 5749—85）。

（二）生活污水处理

施工区生活污水主要来源于业主、承包商、分包商营地及办公场地。生活污水除Ⅱ标曝气好氧处理（简称 BTS）外，其他均经过化粪池处理后排放。从处理效果看，前者明显好于后者。曝气处理过的生活废水，除 COD 略有超标外，其他指标均符合国家《污水综合排放标准》（GB 8978—1996）一级标准。

采用化粪池处理生活废水，受处理方法的限制，处理结果尚不能满足《污水综合排放标准》（GB 8978—1996）一级标准的要求，主要通过加强化粪池的运用管理来提高处理效果。

（三）生产废水

施工区生产废水主要来源于施工现场混凝土养护、工作场地混凝土拌和楼、罐车冲洗废水，机械车辆维修和冲洗废水，砂石料洗料废水等。生产废水中除含有大量悬浮物外，还含有大量的石油类（如机械车辆维修和冲洗废水）和碱性物质。

生产废水的处理主要是通过沉淀池或油水分离系统进行处理。砂石料洗料废水经沉淀池处理后循环利用，混凝土养护和冲罐废水经沉淀处理后排出，机械维修及冲洗废水经油水分离系统进行油水分离，废油回收，废水排出。

（四）大气、粉尘控制

施工过程中的大气污染主要来自于施工机械车辆排放的废气和施工作业面、施工道路产生的扬尘。施工过程中承包商均配置了洒水车，定期对辖区道路和施工现场进行洒水，施工现场和道路扬尘基本得到控制。除按合同要求加强地下工程通风、采取湿法作业外，承包商还对工作面有毒有害气体如 CO、NO_x 以及其所属的道路粉尘进行了监测。

（五）噪声

施工噪声污染源主要有马粪滩反滤料场、石门沟开挖料场、连地骨料场、混凝土浇筑施工现场、地下厂房以及各主要交通干线等。

为了减少噪声污染，承包商在碎料场和筛分场产生噪声的生产塔上设置了防护网，并拿出部分资金帮助受影响的河清小学进行了搬迁，马粪滩工作场地噪声影响问题基本得到了圆满解决。

为了降低连地砂石料场施工噪声对周围居民的影响，承包商对噪声较大的电机设备增设了隔音墙，并通过调整工作时间等措施，将噪声污染降低到最低限度。

（六）固体废弃物处理

通过考察论证，小浪底施工区生活垃圾采取掩埋处理方式，选择小南庄弃渣场作为垃圾填埋场，生活垃圾随生产弃渣一起掩埋处理。在环境管理办公室和环境监理的大力宣传和监督管理下，施工区生活垃圾均能定期送往小南庄弃渣场。

（七）卫生防疫

为保证施工人员的身体健康，除要求定期对职工进行体检外，还要求承包商定期对生活营地进行灭鼠、灭蚊等。

综上所述，小浪底工程环境监理进驻施工区后，先后在生活饮用水保护、污水处理、大气粉尘污染控制、噪声污染控制、固体废弃物处理、卫生防疫等方面开展了深入细致的工作。环境监理工作的开展使施工区环境保护工作上了一个新的台阶，施工区环境保护工作由原来的"可做可不做"变成了"必须做"。在业主、承包商、监理工程师的共同努力下，施工区环境质量一直保持在可以接受的范围内。主要表现在：

（1）工程所在河段水体功能没有发生质的改变。

（2）流行性传染病得到了有效控制，工程施工区内没有因为施工人员的大规模进入引发传染病的流行。

（3）妥善解决了施工活动对周边地区群众生活环境的影响，没有因环境问题发生干扰施工的现象。

总而言之，环境监理工作的开展，不仅保持了施工区的环境质量，而且为施工人员提供了比较良好的工作环境和生活环境，促进和保证了工程施工的顺利进行。

十一、小浪底移民工程环境监理

除小浪底水利枢纽主体工程外，移民项目也利用了部分世界银行贷款，由于价值观念的差异，非自愿移民备受世界银行专家的关注。在世界银行代表团及世界银行咨询专家的要求下，小浪底水库在做好移民迁建安置工作的同时也相应开展了环境监理工作。

小浪底建设管理局移民局于1994年成立了环境管理办公室，负责管理和检查移民管理计划的实施。为保证环境管理计划的顺利实施，黄河水利委员会勘测规划设计研究院受小浪底建设管理局移民局委托负责移民安置区的环境监理工作。各级移民机构和移民村环境保护员负责移民安置区环境保护工作的组织与实施。

（一）环境监理的依据

移民安置区环境监理工作在遵循河南省、山西省有关环境保护法律法规标准的基础上，依据以下文件开展。

（1）中国政府与世界银行签署的小浪底工程《开发信贷协议（移民项目）》中关于环境保护工作的规定："中国政府保证项目实施所涉及的一切活动，均符合世界银行开发信贷协会满意的环境标准和导则；中国政府保证按照世界银行同意的方式实施环境管理规划，包括采取各种必要措施减少或消除由项目实施引起对环境的各种不利影响——包括（移民）迁建企业的'三废'处理等"。

（2）《黄河小浪底水利枢纽工程移民安置区环境保护工作实施细则》。

（3）《黄河小浪底水利枢纽移民安置规划报告》。

（4）《黄河小浪底移民安置区环境监理管理办法》等。

（二）环境监理的工作范围

小浪底水库移民工程由施工区移民和库区移民两部分组成，其中库区移民是小浪底移民工程的主体。库区移民的搬迁安置共分三期。第一期移民为EL180m水位线以下及其受影响的移民，该期移民搬迁工作已于1997年完成，总共修建移民新村33个，迁建乡政府

1 处。第二期为 EL180～265m 区间及其受影响的移民，截止到 1999 年年底，第二期、第三期移民已搬迁安置 48 个行政村、5 个乡镇。有些安置点正在建设之中。移民工程环境监理工作范围为已经安置或正在搬迁安置的所有移民安置点。

（三）环境监理的工作内容

移民工程环境监理包括移民安置规划及实施两个阶段。在规划阶段和实施阶段环境监理的工作内容是有区别的。

1. 规划阶段的主要工作

规划阶段主要是检查移民安置规划中是否考虑下列环境保护措施。

（1）安置区水源地的建设，水质必须符合卫生部关于生活饮用水的卫生标准，水量必须满足移民人口增长和经济发展的需要。

（2）规划选定的移民安置点，应避免存在如氟骨病、甲状腺肿大等地方病。

（3）无论是工矿企业选址，还是移民村规划，都应避开生态敏感区及古遗址。

（4）凡为移民而计划兴建的工矿企业或灌溉工程，必须按照《中华人民共和国环境保护法》和环保程序的要求，开展环境影响评价工作，提出相应的环境保护措施。

（5）移民机构须为移民提供环境教育服务，使他们了解环境保护的有关规定及移民在公共协商中的地位与作用。

2. 实施阶段的工作内容

实施阶段的工作内容主要是监督、审查、评估移民规划实施过程中环境保护措施的落实情况。移民规划的实施包括生产开发、居民点建设和基础设施建设等，所涉及的项目有工业、农业、学校、道路、居民点等。环境监理与移民建设项目间的关系可用图 4-5 表示。

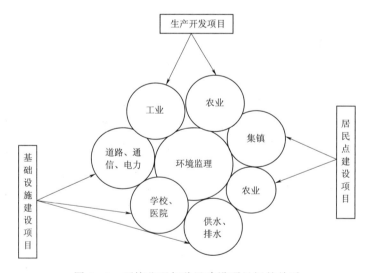

图 4-5 环境监理与移民建设项目间的关系

（1）工业项目监理。移民安置区的环境污染，主要来自于工矿企业的生产活动。这种污染不仅对移民区造成严重危害，而且会波及周围的水域。因此，对小浪底工程为安置移民而修建的义马电厂、义马制药厂等工矿企业项目进行环境监理是移民安置区环境监理工程师的一项重要工作。

移民工业项目因建设的阶段不同，监理工作的侧重点也不相同。

1) 在项目选址论证的可行性研究阶段，重点检查工业企业环境影响评价制度的执行情况，如环境影响报告书或报告表是否已由具备资质的单位编制、是否有审查机关的审查意见。另外，根据《中华人民共和国水土保持法》的要求，还需编制水土保持方案报告，并由水行政主管部门审查。

2) 在项目的设计阶段，监理工程师应从环境保护的角度来审查工业项目的布局情况，对布局不合理、容易产生污染的项目，提出对策和建议。

3) 项目建设实施阶段，重点检查"三同时"制度的执行情况。如环境保护设施是否进行了安装调试、调试的结果以及验收意见等。

4) 运行阶段，重点检查环境保护设施的运转情况，环境监测工作是否正常。按照国家或地方标准，审查企业的各种污染物监测指标。

(2) 农业项目监理。小浪底移民工程中的农业项目，主要包括后河灌区的建设、温孟滩灌区的开发等农业生产开发和配套灌溉工程发展等，此项目环境监理的主要内容为：

1) 根据安置区的自然资源和经济条件，引导移民合理利用自然资源，因地制宜地把农业生产和环境保护结合起来。

2) 鼓励移民植树造林，种植一些适宜生长的林、果、草，以促进农、林、牧副业的发展及生态的良性循环。

3) 监督检查灌溉工程的规划设计和管理工作，预防土壤盐碱化。

(3) 居民点建设监理。小浪底移民工程居民点建设数量多、任务大、地点分散，是整个移民项目建设中最重要的一项工作。因此，加强移民新村建设过程中的环境保护设施进度、质量的督促检查和技术指导的提供是环境监理工作的重点。环境监理在新建居民点的主要任务为：

1) 饮用水水源地保护及消毒处理状况，主要是定期加漂白粉和监测管网末端的余氯含量。

2) 粪便无害化处理，主要是双瓮厕所的推广使用情况以及存在的问题。

3) 依据规划设计检查村内排水设施的实施和村外排水出路，检查整个排水系统的清理管护情况。

4) 检查固体废弃物的处理设施以及卫生填埋状况，以保证环境卫生的洁净。

5) 依据规划设计检查学校卫生设备（包括厕所、洗手设施等）的实施状况。

6) 检查医疗设施状况，了解医务人员能否满足村内卫生防疫和治疗日常疾病的要求。

7) 检查施工过程中可能产生的弃土弃渣的处理情况，防止产生新的水土流失。

8) 指导村级环境保护员的工作，协助环境保护员填写环境月报表。

9) 对移民迁建过程中存在的环境问题，及时向业主和各级移民主管部门提出建议和措施，并督促尽快解决这些问题。

10) 对环境保护员进行不定期的培训。

（四）专职或兼职环境保护员岗位职责

为做好小浪底移民安置区的环境监理工作，在各移民村都选派有专职或兼职的环境保护员，其岗位职责为：

（1）给生活饮用水加氯消毒。根据用水量估算漂白粉投放量，并在村中不同方位选择10个以上的水龙头测试出水口的余氯含量。并对每天漂白粉投放量和余氯测试结果做出书面记录。

（2）协助村委会推广双瓮厕所。

（3）督促、协助村委会完成村内排水沟加盖工作，定期对排水沟进行检查，如发现堵塞现象应及时组织清挖疏浚。

（4）定期对垃圾池和垃圾场进行检查，检查垃圾处理是否符合要求。

（5）定期对学校进行检查，引导学生养成便后洗手的习惯。

（6）定期到医院、诊所了解传染病发病情况，分析发病病因与周围环境有无关系。

（7）引导群众选择合适的树种，适时适地进行植树造林，绿化美化周围环境。

（8）根据当月环境保护工作实施情况按时填写环境月报表。

（9）对工作中存在的问题及时向村委会反映，督促问题尽快解决。

（10）配合环境监理、环境监测和卫生防疫人员共同搞好环境保护工作。

通过开展移民安置区环境监理工作也使我们进一步认识到移民安置前期规划设计中环境保护工作的重要性。开展移民规划的同时，必须对移民安置点周围的环境本底进行调查，了解周围是否或即将兴建有污染的项目，如高速公路产生的噪声污染、工业废水污染等；村外排水是否畅通、排水出路与邻村有无矛盾也是移民新村规划中不容忽视的问题。

（五）移民安置区环境监理报告制度

移民安置区环境监理报告制度为：监理单位定期到移民安置区监理巡视，监理工程师必须填写监理巡视记录，记录巡视情况、存在的环境问题和解决情况，必要时发出书面通知、要求有关单位限期整改，超出合同的重大问题及时报业主决定。

根据监理工程师的要求，移民村环境保护员每月提交一份环境月报，对本月环境保护实施情况进行全面的报告。

环境监理工程师每季度向小浪底建管局移民局和河南省、山西省移民办提交一份监理进度报告（季报），概述本季度环境监理工作实施情况，说明移民安置区的环境状况，指出存在的主要环境问题和处理意见，为移民管理部门提供决策依据。

每隔半年，环境监理工程师要对监理工作进行一次全面总结，重点阐述半年来环境保护工作的运作状况、下阶段的工作建议和对上次咨询专家意见的执行情况。监理工程师编制的半年进度评估报告主要是供移民局资源环境处（EMO/RP）、世界银行检查团以及国际咨询专家审议。

（六）小浪底移民工程监理工作程序与制度

移民安置区环境监理工作程序采取自下而上和自上而下两种方式。自下而上就是先由移民安置所在的村或乡的环境保护人员填写专用的环境月报表，总结移民安置过程中和安置后环境改善状况以及出现的环境问题。这种表每月填写一次，由村、乡、县、省逐级上报，最终报送环境监理和移民局。自上而下的方式是由环境监理工程师根据移民工程的进展情况，直接到移民安置点巡视检查环境保护措施的执行情况、存在问题、计划解决的问题及其途径和方法。然后报告移民局环境管理部门，移民局再通知省移民办，由省、县、乡、村往下传送。

（七）小浪底移民工程环境监理实施效果

移民迁建企业主要集中在河南省的义马市，有火电厂和制药厂，两厂均按环境影响评价制度的要求，分别编制完成了环境影响评价报告书和环境影响评价报告表，并分别通过了河南省环境保护局和三门峡市环境保护局的审查。

向移民新村的人们提供供水及排水系统、部分固体废弃物处理场所、卫生及改良厕所、医疗和学校公共卫生及环境设施等，在移民新村进行大规模植树造林。与移民搬迁前相比，大大改善了移民的生活环境和卫生条件，有效地防止了疾病或传染病的流行，从而保护了移民的身心健康。

十二、小浪底工程环境监理的启示与建议

黄河小浪底水利枢纽工程在世界银行专家的关注和小浪底建设管理局的大力支持下，引入了环境监理机制，在施工区和移民安置区开展了环境监理工作。这在我国水利水电工程建设过程中尚属首次。但小浪底环境管理工作并非是一帆风顺，而是走过了一条曲折的道路。在世界银行咨询专家鲁德威格博士和刘峻德教授的指导下，经过数年的探索，终于在1998年跃上了一个新台阶，形成了一整套较为完善的环境监理体系，取得了一些成绩。根据小浪底工程环境监理工作经验，国家环境保护总局于2002年3月在北京召开了在生态影响类项目中开展施工期环境监理试点工作的研讨会。2002年5月，国家环境保护总局在北京召开了"建设项目工程环境监理试点和行政监察工作会议"。参加会议的代表来自17个省市。会上听取了"小浪底水利枢纽工程环境监理方案"及其他工程的介绍。2002年10月，国家环境保护总局等六部委以环发〔2002〕141号联合发布了《关于在重点建设项目中开展工程环境监理试点的通知》，进一步明确了13个开展施工期环境监理试点的工程。2003年7月，国家环境保护总局经过全国范围的评估，对国内100家环境保护型投资项目进行了评比，小浪底水利枢纽工程（包括小浪底移民项目）位居第三。

诚然，小浪底工程的环境保护工作与国际先进水平相比，还有很大差距。但这是国内首次在大型水利工程施工期进行环境监理，是在无前车之鉴情况下进行的，因此，取得的成绩也就显得更加可贵。

小浪底工程的环境保护实践给了我们很多启示，现将成功方面、存在问题简要总结如下，可为其他工程借鉴。

（一）几点启示

（1）施工区环境监理工作成功的关键在于理顺环境监理的工作关系，即环境监理工作一定要融入工程和环境管理之中。因为环境监理属于工程管理范畴，同时是环境管理的一个重要组成部分。因此，环境监理机构只有与工程管理、环境管理以及承包商有关机构形成有机的联系，才能使环境监理工程师处于应有的地位，行使自己权力，才能最大程度地

发挥环境监理工程师的作用，才能避免工程施工与环境保护工作相互脱节，才能使整个管理体系处于最佳运作状态。

（2）大坝工程与移民工程的环境管理机构要分开设置，环境监理机构也要分开设置，这是由小浪底工程实践得出的启示，这一点小浪底工程曾走过一段弯路。大坝工程与移民工程环境监理的范围、对象、任务、方式等不完全相同，不能由移民（或工程）环境管理机构来统一管理这两个具有不同特点的环境监理机构，应分别在大坝工程和移民工程管理体系中成立环境管理机构（如环境管理办公室或资源环境处等），然后再分别设置环境监理部（或组）。这样，目标明确，职责分明，便于集中精力完成环境管理或监理工作。

（3）环境监理具有一定的独立性，应在咨询公司下单独设立环境部。小浪底主体工程开工后，由小浪底工程咨询有限公司全面负责枢纽工程监理工作。在世界银行专家的督促下，1995 年开展了环境监理工作。通过协商，环境监理挂靠咨询公司的安全部，通过安全部和承包商发生工作关系。实践证明，这种设置存在工作不顺、延迟发文的问题，后为解决这一问题，安全部对环境监理不进行任何干预，只变成了一个发文渠道。由此可见，与各标工程部并列设立环境部，各标工程部明确一名环境工程师，全面负责标内的环境监理工作，由环境部长负责施工区环境监理日常工作，遇到重大环境问题及时向总监理工程师汇报，由总监理工程师进行协调，才能充分发挥环境监理的作用，提高工作效率。

（4）建立环境监理工作制度是做好环境保护工作的保证。小浪底工程环境监理工作成功的关键因素之一是完善了各项环境监理工作制度，如完善了环境保护员的制度、环境报告制度和环境例会制度，明确了承包商应该承担的责任与义务。环境保护员制度的建立，促使承包商完善了自身的环境保护体系，自发地将环境保护工作纳入到工程施工管理中。环境月报制度和环境例会制度的确立，使环境监理工作由被动的监督检查变为承包商的主动汇报和接受审查。环境例会制度不仅加强了环境监理工程师的作用与地位，强化了监理工程师与承包商的联系，而且成为监理工程师传达指令最主要的途径。

（5）环境监理工程师的支付权一定要通过工程监理工程师来行使，因为在工程的招标过程中，施工环境保护费用是以间接费用形式计入标底的，也就是说，承包商的工程费用中虽含有环境保护费用，但很难将其单独划分。只有把环境作为工程的一个组成部分，环境监理人员与工程监理人员一起参加工程的检查或验收，并将环境保护工作作为工程检查或验收通过的一项指标，若环境保护工作做得不好，应通过工程监理从工程款中扣除。

（6）根据我国工程管理的有关规定，监理工程师受业主委托对工程项目质量、进度、投资进行控制，业主是投资的主体。同样，环境监理人员对移民村环境保护工作的监理范围也仅限于业主投资部分，而对业主没有投资的基础设施或项目，监理工程师无权也不可能对其监督管理，只有从环境保护和保证移民人身健康的角度进行倡导和建议，并提供必要的技术指导。由于种种原因的制约，移民安置区环境监理工作还远远不能像工程监理那样，实行"三控制、两管理、一协调"。

（7）移民安置过程中，居民点建设与其他工程有着本质的区别。移民迁建是为了支持国家重点工程建设，在国家的资助下恢复营造自己的家园，各级移民机构和移民本人既是工程实施的主体，又是监理的对象。移民安置区环境保护工作从饮用水加氯、排水沟加盖到垃圾处理，所有一切都是为了保护移民自身的身体健康。提高移民干部群众的环境保护意识，充分调动移民的积极性，是保证环保设施顺利实施的关键。

(8) 移民安置区环境保护工作经验表明，在移民新村迁建伊始，普及提高移民村干部、环境保护员的环境保护意识，对移民新村环境保护工作至关重要。为此，小浪底移民局从 1998 年开始已陆续举办了 5 期"小浪底移民安置村环境保护员培训"，累计参加学员600 余人。培训内容包括：

1) 世界银行专家对移民村环境保护工作的要求。

2) 双瓮厕所建造与管理。

3) 卫生防疫。

4) 环境监理及环境月报表填写说明。

另外，将环境保护设施（如加氯消毒系统、双瓮厕所、排水沟加盖、学校洗手池、垃圾池等）建设纳入新村建设规划，与新村建设同步规划、同步实施，可以起到事半功倍的效果。

(二) 小浪底工程环境监理存在的不足和问题

回顾小浪底工程环境保护工作所走过的道路，也暴露出一些缺点或问题。现将其列出，作为以后警示：

(1) 编制小浪底工程招标文件时，因对施工期需依据标书中的环境保护条款进行监理工作认识不足，又没有经验可供借鉴，致使环境保护条款编制得不够细致，后来针对小浪底工程施工区的实际情况，业主不得不组织有关环境管理人员参照其他行业标准，编制了《小浪底施工区环境保护管理办法》和《环境保护实施细则》，但两个文件因滞后于签订工程施工合同的时间，因而内容只能受限于合同，只能延伸和补充原有条款，否则将会引起承包商因执行两个文件的规定造成费用增加而向业主索赔的问题。

(2) 实践表明，合理确定施工场界对工程建设的顺利进行至关重要。如果场界选定不当，不仅会出现周边群众干扰施工的现象，而且会引起二次移民搬迁的问题。小浪底工区场界的选定主要是根据施工占地确定的，对某些环境问题考虑不周，致使主体工程开工后，因施工噪声的影响，附近的河清小学学生无法正常上课，后经业主和承包商协商共同出资，将此小学进行搬迁。由此可见，在进行水利水电工程施工场界的选定时，除考虑施工占地外，还必须考虑施工活动对周围环境的影响，如粉尘、噪声、爆破等的影响。特别是征地线附近有村庄、学校等敏感点时，应根据环境影响预测结论，科学确定征地范围。

(3) 移民新村环境保护建设是一项造福移民的公益性事业，根据我国的国情和移民安置的法律法规，移民新村环境保护投资还不能完全依赖于国家投资。以上诸项环境保护投资中，仅村内排水和村外排水设施投资在淹没处理规范中略有体现（小浪底水库二期、三期移民安置规划中村内排水沟加盖长度按 30% 、村外排水沟按 150m 考虑）。国家计委和水利部考虑到小浪底工程的特殊性，后来虽然追加了部分环境保护投资（如生活引用水处理和双瓮厕所补助等），但要满足上述要求还是远远不够的，还需要移民群众投资投劳。移民搬迁后，环境保护的日常管理工作属于村委会的工作范畴，不应包括在环境监理工作内容之列，其费用也不应该从移民款中支出。

（三）几点建议

（1）充实完善有关环境标准。环境标准是环境监理人员处理环境问题的依据。我国现行的环境标准中针对城市和工矿企业的较多，关于水利工程施工区可以依照的环境标准比较少，或者不具体，实际工作中执行起来难度较大。根据工作实践，建议有关部门要不断完善和充实环境标准，并力求量化、细化，增加工区各区域（如作业区、场界、办公区、生活区等）的噪声、粉尘、大气等方面的标准。

（2）大中型水利水电工程投资大、周期长，工程建设对施工区环境带来的影响多，在施工期开展环境监理工作是预防和减小不利影响的最有效管理方法，也是工程可行性研究阶段审查通过的环境影响评价报告书中环境保护措施得到真正落实的保证手段。但在我国目前的有关环境保护法律法规中却找不到在水利水电工程施工期需进行此项工作的依据。因而开展工程环境监理特别是像小浪底这种利用外资的工程，由于国内法规与国际惯例的不接轨，致使环境管理和环境保护执法都遇到很多困难。建议国家应尽快制定工程建设环境监理的法规，并在修订环境保护有关法规时，增加环境监理的内容，使环境监理成为一种强制性环境管理手段。

（3）标书中应细化环境监测的内容。施工期环境监测，有业主委托进行的监督性监测，也有承包商自己监测。前者属不定期抽检，后者为定期监测。环境监测不仅全面系统地反映了水利水电工程施工过程中不同阶段、不同地点环境要素的动态变化，而且为施工期环境管理和环境监理工作提供了重要依据。由于承包商对污染源进行的是定期监测，所以为了避免不必要的合同纠纷，建议在水利水电工程的招标书中应明确以下内容：

1）承包商需要进行的环境监测因子和频率。

2）承包商的监测属于自检范畴，取样过程中环境监理工程师必须到场，对样品的代表性进行检查，监测单位也必须是经环境监理工程师批准的有相应资质的监测单位。

3）环境监理工程师应对承包商和业主的监测进行统一协调，如取样断面、监测因子等，以保证监测结果的可比性。

4）为了反映施工区环境的动态变化，环境监测参数选择、监测断面的布设应根据施工进展情况及时进行调整。

小浪底移民新村搬迁后存在的主要环境问题：

（1）村外排水没有出路或与邻村存在矛盾纠纷。

（2）垃圾无处堆放，容易导致环境污染和滋生病菌，影响移民的身体健康。

村外排水与移民新村所处的地理位置有很大关系，受各种因素制约，在移民安置规划阶段，居民点选址很难确定下来，村外排水只能进行简化设计，工作深度难以满足实施深度的要求。移民安置规划中缺少垃圾处理规划，没有垃圾堆放场地是移民新村普遍存在的环境问题。

案例二　长江重要堤防隐蔽工程施工环境保护监理

长江重要堤防隐蔽工程跨距长，施工段不是连续分布的，若考虑支流堤防，监理工作的战线就更长，巡视的范围、现场管理和组织协调难度加大。长江重要堤防隐蔽工程施工涉及的生态环境要素比较多，包括血吸虫疫区，白鳍豚、江豚保护区、鱼类产卵场等。

一、工程概况

（一）概述

1998 年大洪水过后，长江防洪受到党中央的高度重视，国务院决定加大长江干堤防洪工程建设的力度，要求用 3～5 年时间完成以防御 1954 年型洪水为目标的堤防工程加固。长江干堤的加固工程分为非隐蔽工程（堤身的加高和培厚）和重要堤防隐蔽工程（堤身截渗墙、抛石护岸等）。非隐蔽工程由地方政府组织实施，重要堤防隐蔽工程由长江水利委员组织实施。

长江重要堤防隐蔽工程涉及湖北、湖南、江西、安徽 4 省的长江干流堤防及湖北省汉江遥堤、江西省赣抚大堤等长江重要支流堤防的堤身、堤基防渗工程、穿堤建筑物（涵闸）和护岸工程、长江干流重要河道控制工程、荆江分洪区南闸加固工程等 30 多个项目。工程的建设资金由国债支出，计划投资 138.64 亿元，施工工期 4 年。

长江重要堤防隐蔽工程主要工程量为：防渗处理 457km，护岸 523km，重要穿堤建筑物 9 座，总计土方 4631 万 m^3，石方 2955 万 m^3，混凝土 95 万 m^3，防渗墙 529 万 m^2。工程项目从 1999 年起分 3 个年度实施，2003 年长江重要堤防隐蔽工程的实施项目全部完成，主要施工项目开、完工时间见表 4-2。

表 4-2　　　　　　　　主要施工项目开、完工时间表

项 目 名 称	开工时间—完工时间
长江重要堤防隐蔽工程湖南省岳阳长江干堤加固工程	2000 年 3 月—2003 年 1 月
长江重要堤防隐蔽工程下荆江河势控制工程（湖南段）	2000 年 3 月—2002 年 12 月
长江重要堤防隐蔽工程荆南长江干堤加固工程	2000 年 5 月—2002 年 6 月
长江重要堤防隐蔽工程荆江分洪南闸加固工程	2000 年 3 月—2002 年 3 月
长江重要堤防隐蔽工程武汉市长江干堤加固工程	2000 年 4 月—2003 年 5 月
长江重要堤防隐蔽工程武汉市江堤湖闸加固工程	2000 年 4 月—2001 年 8 月
长江重要堤防隐蔽工程洪湖监利长江干堤护岸工程	2002 年 1 月—2003 年 5 月
长江重要堤防隐蔽工程新堤排水闸整险加固工程	2000 年 11 月—2001 年 4 月
长江重要堤防隐蔽工程阳新长江干堤加固工程	2001 年 2 月—2003 年 7 月
长江重要堤防隐蔽工程汉江遥堤防渗护岸工程	2002 年 1—7 月
长江重要堤防隐蔽工程长江干堤汉南至白庙段防渗护岸工程	2002 年 1 月—2003 年 6 月
长江重要堤防隐蔽工程黄冈长江干堤整险加固工程	1999 年 11 月—2002 年 6 月
长江重要堤防隐蔽工程牛皮坳排水闸改建工程	2000 年 12 月—2001 年 7 月
长江重要堤防隐蔽工程石首河湾整治工程	2000 年 3 月—2003 年 1 月
长江重要堤防隐蔽工程荆江分洪南闸加固工程	2000 年 12 月—2003 年 3 月
长江重要堤防隐蔽工程湖北咸宁长江干堤整险加固工程	2000 年 3—12 月

项 目 名 称	开工时间—完工时间
长江重要堤防隐蔽工程鄂州市长江粑铺大堤整险加固工程	2000 年 2 月—2003 年 1 月
长江重要堤防隐蔽工程樊口大闸整险加固工程	2000 年 11 月—2001 年 12 月
长江重要堤防隐蔽工程江西省赣抚大堤加固工程	2000 年 3 月—2003 年 3 月
长江重要堤防隐蔽工程泉港闸除险改建工程	2001 年 11 月—2003 年 2 月
长江重要堤防隐蔽工程马鞍山江堤防渗工程	2000 年 4 月—2001 年 7 月
长江重要堤防隐蔽工程铜陵江堤加固工程	2001 年 3 月—2002 年 4 月
长江重要堤防隐蔽工程铜陵河段崩岸治理工程	2000 年 3 月—2002 年 4 月
长江重要堤防隐蔽工程芜裕河段崩岸治理工程	2002 年 3 月—2003 年 3 月
长江重要堤防隐蔽工程无为大堤防渗护岸工程	2000 年 2 月—2002 年 4 月
长江重要堤防隐蔽工程枞阳江堤防渗护岸工程	2000 年 3 月—2002 年 5 月
长江重要堤防隐蔽工程安庆河段崩岸整治广成圩应急护岸工程	2001 年 5—6 月
长江重要堤防隐蔽工程安庆江堤加固工程	2000 年 2 月—2001 年 7 月
长江重要堤防隐蔽工程广济圩江堤加固工程	2000 年 2 月—2005 年 5 月
长江重要堤防隐蔽工程同马大堤加固工程	2000 年 2 月—2002 年 5 月
长江重要堤防隐蔽工程和县江堤加固工程	2000 年 3 月—2001 年 5 月
长江重要堤防隐蔽工程马鞍山河段一期整治工程	2000 年 3 月—2001 年 5 月

（二）工程特点和技术难点

1. 工程项目标段多，区域跨度大，工作战线长

长江重要堤防隐蔽工程集中在 2001—2002 年度实施的 20 个项目 74 个标段，从长江上游至下游，其分布跨越湖北、湖南、江西、安徽 4 省。仅沿长江干流，总跨距就达 1000 余 km，若考虑支流堤防，监理工作的战线就更长，现场管理和组织协调难度很大。

2. 工程施工堤段分散，巡视范围增加

工程的施工段不是连续分布，项目与项目之间，标段与标段之间，被地域和水系分开。对一个标而言，也大多分为数段。如武汉市平均每标施工段约为 5 段，汉江遥堤和无为干堤为 4 段。因此，即使是同一项目或同一标，监理巡视的范围也很大，即使划区设站，交通不便也带来很多工作的不便。

3. 施工时间集中，监理工作投入大

工程的合同工期一般都在 2001 年 12 月至 2002 年 5 月间，在这一时段内，需要安排足够多的监理人员和设备同时开展工作，需要克服工作经费不能及时到位的困难。

4. 生态环境要素比较多、专业性强

施工涉及的生态环境要素比较多，尤其是大多数地区是血吸虫疫区。如此大规模的开展现场环境监理工作（并含有现场监督性环境监测），在我国内资水利项目中尚属首例，要使这项工作统一在一个较高的质量水平，需要有一批高素质的专业人员或专家作为保证，这在技术水平的控制上增加了一定的难度。

二、监理范围和任务

（一）监理范围

长江重要堤防隐蔽工程环境监理的工程范围：1999—2001 年的长江重要堤防隐蔽工程共 28 个项目 129 个标段的完工检查评估和 2001—2002 年长江重要堤防隐蔽工程共 20 个项目 74 个标段施工期环境监理工作。

（二）监理任务

长江重要堤防隐蔽工程环境监理的主要任务如下：

（1）对已结束项目的环境现状进行调查了解，收集有关档案文件资料。调查施工过程中已实施的各项环境保护措施和地方对工程环境保护的意见与处理情况，对存在的施工遗留环境问题，监督施工单位进行处理，并编写环境保护工作实施情况报告；审查承包人报送的有关工程竣工环保验收资料，参加工程验收，签署工程验收环境监理意见。

（2）对正在建设的项目，施工前对承包商报送的施工组织计划中有关环境保护内容进行审核，并提出审核意见，交由现场工程监理机构作为对施工组织设计审核意见的一部分，施工期开展巡视检查和进行必要的环境监测，对承包商在施工过程中的环境保护进行监督检查，重点检查施工区废水与废浆、粉尘与废气、噪声的污染控制；生活饮用水的水质保护；弃渣料的处理和施工区、生活区的环境卫生与血吸虫病防治等，并编写每个工程项目的环境监理月报，工程结束后编写环境监理报告。参加工程验收的相关工作。

三、环境保护监理依据与内容

（一）主要依据

（1）国家制定的法律法规，如《中华人民共和国环境保护法》《中华人民共和国水污染防治法》《中华人民共和国水法》《中华人民共和国水土保持法》《中华人民共和国环境影响评价法》《中华人民共和国野生动物保护法》《中华人民共和国噪声污染防治条例》《建设项目环境保护管理条例》《建设项目环境保护设计规定》等。

（2）水利部等有关部门制订的有关水利工程建设环境保护规范，如《水利水电工程环境影响评价规范》（SDJ 302—88）、《水利水电工程初步设计环境保护设计规范》（SL 492—2011）等。

（3）国家主管部门批准的《建设项目环境影响评价报告》《初步设计文件》等各种工程建设文件及审批意见。

（4）项目法人与环境监理单位签订的环境监理合同及各种补充文件，包括双方之间的信函、指令和会议纪要、项目法人与承包商签订的各种经济合同及补充文件。

（二）环境保护监理内容

1. 水环境保护

在取水口上游 1000m 至下游 100m 范围的江段或附近地带施工时，不得将废水和废弃物排入，水下作业应避开取水时间。

不得向长江近岸水域或附近地表水体直接排放废污水（包括含油废水）、泥浆与倾倒生活垃圾、污物、弃土。经过初级处理的废污水向长江近岸水域或附近地表水体排放应执行《污水综合排放标准》（GB 8978—1996）第二类污染物最高允许排放浓度一级标准，地表水水质除施工前已超标的除外；应符合《地表水环境质量标准》（GB 3838—2002）Ⅲ类标准。

船舶不得向江河水域排放含油废水、污水、垃圾。含油废水应经油水分离处理后排放，执行《船舶污染物排放标准》（GB 3552—83）。

2. 空气质量保护

在居民点、学校、医院、机关、国家指定有特殊要求的区域周围 30m 内清场拆除和运输等应充分洒水降尘或遮盖防尘；大型燃油设备需安装烟尘除尘设备；焚烧处理废弃物不得使用石油类和其他化学助燃剂，涵闸除锈施工面积大于 100m² 的，应设隔尘幕帘。同时周边空气应执行《环境空气质量标准》（GB 3095—1996）二级标准。

3. 噪声控制

在居民点、学校、医院、机关、国家指定有特殊要求的区域周围 200m 内若需爆破作业，应根据当地实际情况合理安排爆破时间；自备发电机噪声强度大于 80dB（A）的，应布设在距敏感点 50m 以外，除非有自然障碍物 5m 以上的或建有槽深高于发电机 1m 以上的减噪槽；大型混凝土搅拌场，噪声强度大于 80dB（A）的，应布设在距敏感点 50m 以外，除非建有隔声墙；上述机械声源或其他机械声源强度大于 90dB（A），距离敏感点小于 100m 的，应充分利用低洼地形和建筑物减噪隔声，否则应合理安排施工时间。同时应执行《城市区域环境噪声标准》（GB 3096—93）和《建筑施工场界噪声限值》（GB 12523—90）。

4. 卫生防疫

用水应尽量连接当地水网使用自来水；承包商使用其他自备水源时，须委托当地卫生部门进行检验，环境监理工程师或监理员应予以确认。饮用水应符合《生活饮用水卫生标准》（GB 5749—2022）。宿营地应自建垃圾箱或固定堆放点，并由承包商负责定期联系当地环卫部门清运或按有关要求妥善填埋。

承包商应自行调查工程所在地的地方病（包括血吸虫病）的情况，并采取必要的保护措施。在血吸虫疫区施工前，应对所有施工人员进行血吸虫病检疫，并建立病情档案，同时应对宿营地进行药物消毒；施工中若无法避免接触疫水，承包商应督促施工人员使用防护用品和药品；有关部门应加强施工期血防抽检，抽检人数不少于高峰期施工总人数的 20%。

承包商应自费在现场适当配备医务人员、急救站、药物等，以确保其人员健康。一旦发生任何传染性疾病时，应遵守并执行当地政府或医疗卫生部门为防治和消灭疾病制订和发布的规章、命令。

5. 珍稀动植物保护

在白鳍豚、江豚保护区施工，发现有白鳍豚、江豚活动时，应立即采取避让措施，并及时报告当地渔政部门。须在经地市级以上确认的鱼类产卵场进行水下作业时，应尽量在距水边线 100m 内施工。

施工中不得损坏列入省级以上保护名录的树种和地市级以上文物管理部门确认的古大树种，因施工需要移植的须得到当地林业部门和文物管理部门的同意。应尽量减少对施工场内和尽量避免红线外草坪与树木的损坏。

不得在自然保护区核心区施工，也不得将自然保护区核心区作为施工暂留地、集合地和逗留场所。必须在自然保护区过渡区施工的，应按国家有关自然保护区管理规定，征得保护区行政管理部门的同意，并按批准的施工方案施工。

6. 水土保持

需临时布置堆土场的，应采取排水、挡土等防止水土流失措施。

完工后，在堤外边滩，应清理以下有害残留物质：未干固的水泥黏土浆；石油类及含油废弃物；有毒油漆或涂料；河床底泥；施工弃渣；其他有毒有害物质。

工地范围内残留的垃圾应全部焚烧、掩埋或清运处理。施工坑凹地应回填平整，并用表层土覆盖或绿化。

四、环境保护监理机构设置

（一）工程环境管理体系及职责

长江水利委员会长江重要堤防隐蔽工程建设管理局由一名副局长和一名副总工程师兼管工程建设环境管理工作，其下属建设部负责组织实施工程建设的环境保护措施，设专职工作人员 2 人。在建设部之下，设立了各工程建设代表处，具体负责对施工过程中环境保护措施执行情况的监督检查，设专职人员 1 人。

为了对工程施工期的各项环境保护措施执行情况进行有效监督，长江重要堤防隐蔽工程建设管理局委托长江水利委员会工程建设监理中心组织实施本项目的环境监理工作，组建了专门的环境监理机构，参与项目建设的现场监督管理。

工程各施工单位在现场成立了工程项目经理部，指派一名项目副经理或总工程师负责环境保护工作，并配备一名专职环境保护管理员负责现场环境保护工作落实的监督检查。

（二）环境监理机构及监理岗位职责

1. 监理机构设置

为了做好工程建设的环境保护工作，长江水利委员会建设管理局（项目法人）委托长江水利委员会监理中心开展工程环境监理工作，由长江水资源保护科学研究所具体实施。

根据环境监理合同中委托的监理工作范围、内容和堤防工程建设的实际情况，长江重要堤防隐蔽工程设立一个环境监理站，实行环境总监负责制，站址设在武汉，如图 4-6 所示。环境监理站作为长江水利委员会工程建设监理中心（湖北）派驻现场的环境监理机构，全面负责组织实施整个环境监理工作。

环境监理人员全面进场后，针对工程建设项目标段多、战线长、施工现场工作条件的差异大等一系列事先难以预计的困难，对现场设点与人员安排进行了部署与调整，按项目设点、设人，按项目组合分片管理。结合巡视监理的特点，监理站下设 6 个组，现场先后设 18 个点，安排现场监理人员达 40 人，合计相关工作人员达到 50 余人。

2. 监理人员岗位职责

长江重要堤防隐蔽工程环境监理站设置总监理、副总监理、监理工程师、监理员，各

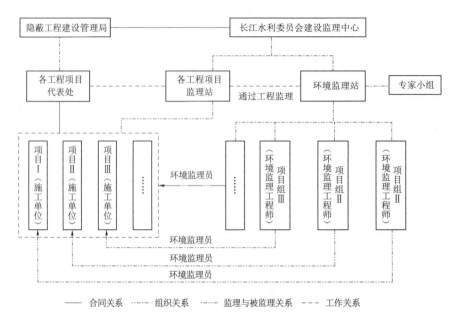

图 4-6 长江重要堤防隐蔽工程环境监理机构组织结构图

级员岗位职责如下。

（1）总监理职责：对环境监理合同所承担的业务及项目监理机构负领导责任，确定本工程项目环境监理站的组织机构；依据国家法律法规、项目建设环境监理合同文件，负责主持编写环境监理规划；监理站各阶段工作计划的审批；工作经费审核；审签监理报告。

（2）副总监理职责：在总监理离岗期间代理总监理行使总监理职责；调配监理岗位人员，并负责组织对监理人员进行定期和不定期考核；提出解决重大技术和质量问题的方案与建议；审定环境监理工作阶段性报告；审批和签发现场的监理文件及会议纪要；完成环境总监理授权的工作。

（3）监理工程师职责：在总监理或副总监理的领导下，承担相应专业或工程项目的具体技术、业务和监理任务，是相应专业或工程项目及所承担的工作任务的直接责任人。对环境质量及相关的进度与投资进行控制，对施工中发现的环境问题提出处理意见，并负责各种环境监理文件的拟稿。负责组织现场建设各方的协调工作。

（4）监理员职责：在监理工程师的指导下，进行现场监理、做好记录，在施工中发现环境问题，及时向监理工程师汇报，并协助处理。

五、监理工作程序、方式及内容

（一）环境监理工作程序

环境监理的工作内容主要是工程施工期的环境质量控制（环境质量及相关措施完成的进度、投资控制）、建设各方环境保护工作的组织与协调及有关环境保护的合同与信息管理。根据隐蔽工程建设的实际情况和环境监理的特点，环境监理工作程序如图 4-7 所示。

（二）环境监理工作方式

环境监理站向各工程项目派驻环境监理工程师或环境监理员，承担各工程项目的环境

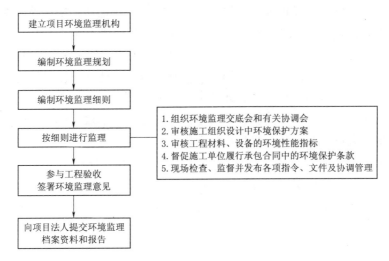

图 4-7 环境监理工程程序

监理工作。环境监理人员按照监理细则的程序与规定开展监理工作。

对 1999—2001 年完工的项目，环境监理主要通过查阅建设单位、工程监理单位和施工单位提供的项目建设档案文件资料和采用填表调查等方式，结合现场访问、取证来调查施工过程中环境保护工作执行情况及效果。现场检查发现施工遗留环境问题，通过工程监理站向有关施工单位发出限期整改或处理的通知，并进行现场监督执行。

2001—2002 年的建设项目，环境监理主要采取以巡视监理为主，辅以必要的检测手段，进行环境质量控制。在监理实施过程中发现问题，向环境监理站反映，由环境监理工程师提出处理意见，需发布的指令、通知、文件、报告等均通过各项目施工监理站转发到相应的施工单位，并抄报项目法人。

监理站还成立了由国内知名专家和高校的环境评价教授组成的长江重要堤防隐蔽工程环境监理"专家咨询组"，不定期地召开会议对工作中存在的问题进行研究，并对各个标段的环境保护工作实施情况进行检查指导。

（三）环境监理工作内容及职责

长江重要堤防隐蔽工程从 1999 年开始动工建设，实施环境监理的时间是 2001 年底，长江重要堤防隐蔽工程 1999—2001 年两个年度的施工已结束，其环境监理的工作内容与职责同在建项目工程验收的要求相同。

1. 施工准备监理

（1）组织工程环境保护与环境监理交底会，向施工单位提出应特别注意的环境敏感因子和有关环境保护要求及环境监理的工作程序。

（2）在单位工程开工前，对施工单位报送的单位工程（施工标段）和分部工程施工组织设计中有关环境保护的内容进行审核，从环境保护的角度提出优化施工方案与方法的建议并签署意见，作为工程监理单位对施工组织设计审核意见的一部分。

（3）检查登记施工单位主要设备与工艺、材料的环境指标，按环境保护要求向施工单位提出使用操作要求。

（4）检查施工单位环境保护准备工作的落实情况，主要包括：宿营地水源卫生、排污与生活垃圾收集处理设施、血吸虫病防治措施及环境卫生清理与消毒工作；临时施工道路是否符合土地利用与资源保护要求；机修停放厂排水系统及处理池；电机房降噪与除尘设施；料场是否选在指定的合理位置；搅拌场与预制场地排污处理及防噪设施；弃土场防护设施与措施；取水口、珍稀植物、珍稀水生生物、鱼类产卵场、文物等重要保护区标识，防渗工程制浆场防漏措施、导流设施、储浆池；施工人员应采取的疟疾、病毒性肝炎药物等预防措施；施工人员应配备的血吸虫病防护用具与药物。

2. 施工过程监理

（1）检查施工单位环境保护管理机构的运行情况，要求承包商在施工过程中按已批准的施工组织设计中环境保护措施和有关审批意见进行文明施工，加强环境管理，做好施工中有关环境的原始资料收集、记录、整理和总结工作。

（2）检查施工过程中施工单位对承包合同中环境保护条款执行与环境保护措施落实等情况，包括：监测、督促、检查施工区生活饮用水质保护、施工江段珍稀物种与重要渔业资源保护、污水处置、空气污染控制、噪声污染控制、固体废弃物处理和卫生防疫、血吸虫病防治等方面，防止危害健康、破坏生态与污染环境；检查工程弃渣处理是否符合规定要求，防止阻碍河道行洪和造成新的水土流失；检查施工现场环境卫生的维护与清理，要求施工单位及时清除不再需要的临时工程，经常保持现场干净、有条理，不出现影响环境的障碍物；检查工程占用土地的复耕和植被恢复措施的落实情况。

（3）现场环境监理主要采取巡视检查的方式，并辅以一定的监测手段，对施工单位的环境保护进行跟踪检查和控制，作出定性和定量的评价。对施工区废水、废浆的排放、生活饮用水的水质保护、施工江段珍稀物种与重要渔业资源的保护、环境敏感点的空气、噪声污染控制等需采取重点检查，必要时采取抽样监测与分析。在发现重大环境问题时，施工单位对环境保护监理机构提出的整改要求或处理意见，执行不严，或执行后不满足要求的，环境保护监理机构有权作出停工整改的决定。

（4）主持召开工程区域范围内与环境保护有关的会议，对有关环境方面的意见进行汇总，审核施工单位提出的处理措施。

（5）协调建设各方有关环境保护的工作关系和有关环境问题的争议。

（6）对施工单位在施工过程中的环境保护实施情况，以环境监理月报方式定期作出评价，并及时反馈给施工单位、工程监理、建设代表处和监理中心等有关单位。

（7）对施工单位的进度款支付时，环境监理签署对施工单位实施环境保护措施的评价意见，可作为计量支付的依据之一。

（8）编写环境监理月报和工程环境监理报告。

3. 工程验收监理

（1）审查施工单位报送的有关工程验收的环境保护资料。

（2）对工程区环境质量状况进行预检，主要通过感观和利用环境监测单位的监测资料与数据进行检查，必要时进行环境监测。

（3）现场监督检查施工单位对遗留环境问题的处理。

（4）对施工单位执行合同环境保护条款与落实各项环境保护措施的情况与效果进行综合评估。

（5）整理验收所需的环境监理资料。

（6）参加工程验收，并签署环境监理意见。

六、环境保护的监控手段与措施

（一）监督性监测

监理过程中，为了验证施工活动对环境产生的影响，发挥监理预控、预警的作用，根据工程施工影响特点与环境特征，参考环境影响报告表提出的监测项目，从重点控制的角度，环境监理站委托环境监测机构对 16 个施工项目作了噪声监测、水质监测，要把监督性的监测和对其他环境要素的跟踪调查或观察作为对加强施工活动监督管理的重要依据。

1. 水质

施工期间，环境监理站委托长江流域水环境监测中心选取有代表性的施工江段进行监测。以安徽省段为例，选取了 7 个取水口附近水质取样分析，监测项目为 pH 值和悬浮物，监测结果见表 4 - 3。

表 4 - 3 各工程水质监测结果一览表

工程名称	监测点位置	检测项目		取样时间（年-月-日）	备 注
		pH 值	悬浮物/(mg/L)		
芜裕河段	新大圩收水口上游 200m	7.2	97.2	2002 - 04 - 17	所列监测值为 4 组样品的平均值，使用标准为《地表水环境质量标准》（GB 3838—2002）Ⅲ类标准
	新大圩收水口上游 50m	7.4	31.6	2002 - 04 - 17	
	黄山寺取水口上游 200m	7.2	34.7	2002 - 04 - 18	
	黄山寺取水口上游 50m	7.4	41.9	2002 - 04 - 18	
无为大堤	土桥段取水口上游 100m	7.5	57.5	2002 - 04 - 19	
	土桥段取水口	7.8	73.1	2002 - 04 - 19	
	高沟段取水口上游 100m	7.7	15.0	2002 - 04 - 19	
	高沟段取水口	7.3	25.6	2002 - 04 - 19	
枞阳江堤	殷家沟段取水口上游 50m	7.6	34.4	2002 - 04 - 19	
	殷家沟段取水口	7.5	40.3	2002 - 04 - 19	
	大抵含下段取水口上游 100m	7.3	320.9	2002 - 04 - 20	
	大抵含下段取水口	7.3	219.4	2002 - 04 - 20	
同马大堤	同马四标取水口上游 100 处	7.5	61.9	2002 - 04 - 20	
	同马四标取水口	7.4	48.4	2002 - 04 - 20	

监测结果表明：各取样点 pH 值未超出《地表水环境质量标准》（GB 3838—2002）Ⅲ类标准 6.5～8.5 的范围，各工程悬浮物监测值与同时期长江安徽省段水体悬浮物含量相一致。

2. 噪声

长江重要堤防隐蔽工程施工过程中，对部分工程施工现场进行了现场噪声监测。以安徽省段为例，监测内容为声源、施工场界以及离噪声源最近的居民点噪声值，监测结果见表4-4。

表4-4 噪声监测结果

工程	检测内容	检测项目	标准极限《城市区域环境噪声标准》（GB 3096—93）Ⅰ类	监测结果（取3组平均值）	备注
无为大堤	闵家拐发电机声源	等效A声级		102dB	声源位于堤顶；居民距噪声源80m，低8m
	闵家拐居民环境噪声		70dB	65.2dB/未超标	
	李家花园施工场界噪声		55dB	59.3dB/未超标	
枞阳江堤	大抵含下段发电机声源			76.4dB	声源处设有隔音棚，居民房距声源70m，低5m；监测时有当地客车与施工车辆经过
	大抵含下段居民环境噪声		55dB	57.8dB/未超标	

监测结果表明：发电机搭建隔音棚后，噪声明显减小；施工场界噪声未超过《建筑施工场界噪声标准》（GB 12523—90）；某些距声源最近的居民点环境噪声略超过《城市区城环境噪声标准》（GB 3096—93）Ⅰ类标准。

3. 空气质量

长江重要堤防隐蔽工程施工地点多位于平原、长江堤外和堤顶，大气扩散条件良好，施工过程中对大气环境的影响不大；而且施工中采取了多项措施控制空气污染，有环境监理员进行现场监督实施落实，进一步减少了施工活动对环境空气的影响。施工期间的观察表明，施工活动对环境空气的影响很小。

4. 人群健康

长江水利委员会建设管理局委托长江水利委员会血吸虫病防治办公室，在长江重要堤防隐蔽工程建设中组织了10批医务人员对长江水利委员会等单位参加堤防建设管理、设计、测量、勘测及施工的人员进行了血吸虫病综合体检。共计查病4200人，查出血吸虫病人84人（血清免疫呈阳性）、阳性率2.4%。查病人数和查出病人数涉及参加各工程建设的相关人员（因按单位统计，人员活动性强，工程堤段得病人数无法统计）。经监理复核，总体看，感染血吸虫病的人数占参加工程建设人数中极少，并均得到及时的治疗。

长江水利委员会血吸虫病防治办公室根据荆南长江干堤加固工程施工区和施工人员生活营地所处血吸虫病重疫区的实际情况，定期观察了施工取土区、施工人员生活区、施工用道路两侧地块上、洲滩上和堤内渊塘中、新建或改造涵闸内外的钉螺分布情况，评价灭螺措施的实施效果，并根据螺情变化定期向工程环境管理机构提出了监测报告，环境监理及时掌握情况进行预控。

（二）监理制度及措施

1. 监理日志制度

驻地环境监理人员在施工现场巡视后填写环境监理日志，由专业监理工程师检查，便于及时了解现场环境保护工作情况。发现问题时，分析问题产生的主要原因，提出对问题的处理意见。

2. 会议制度

在单位工程开工前，参加由业主主持召开的环境保护监理工作交底会议，对承包商进行环境保护措施（设施）技术交底；根据需要，不定期参加监理工作例会，协商解决出现的问题。

3. 报告制度

环境监理机构按时向业主提交环境监理工作月报、专报（不定期）和各工程验收阶段的工程环境工作报告。承包商应按时向环境监理机构提交施工环境月报表和各工程验收阶段的施工环境保护工作报告。

4. 信息发布制度

环境监理工程师发现问题时，对承包商提出环境保护方面的整改意见，通过书面的形式转发或发布（因情况紧急等口头通知的，随后以书面形式予以确认）。承包商对处理结果的答复以及其他方面的问题，也要致函给监理工程师。

5. 施工组织设计等文件审核制度

工程项目开工前，监理工程师审查承包商报送的施工组织设计环境保护内容，提出审核意见；对工程施工中的设计变更进行审核，对所涉及的问题提出审核意见。在参加工程设计变更的审核工作中，监理人员应根据变更方案进行工程分析并进行环境影响复核，当变更调整后的环境保护措施不能满足有关规定和要求时，由监理人员提出措施和要求提交工程监理汇总。必要时，建议业主组织专家论证，确保变更方案满足环境保护要求。

6. 开工、完工审核制度

工程开工前，监理工程师审核施工单位的开工申请，审核相关环境保护体系、方案及措施；完工时参加工程验收，对照所制定的环境保护措施检查其落实、完成情况，并签署意见。

7. 支付审签制度

为建立有效的环境监理约束机制，在工程监理对工程款支付审签程序中增加环境监理工程师审签的环节，签署审核意见，由业主决定是否支付相关工程款。

8. 工作协调制度

监理站在总监理、副总监理统一领导安排下开展各项工作，总监理或副总监理不在现场时，可授权指定监理工程师组织协调开展工作。发生合同争议时，应在调查和取证的基础上提出处理意见，并及时与合同争议的双方进行磋商。环境监理人员应站在公正的立场上，维护合同双方的合法利益。环境监理工作目标控制应充分注意与工程质量、投资、进度目标的协调，在保证施工活动能满足有关环境保护要求的前提下，既要避免提出不切实际的要求而导致影响施工进度和增加环境保护投资，又要避免为赶施工进度和节省工程投资而影响环境保护措施的落实。

七、环境监理工作成果与效果分析

（一）主要工作成果

长江重要堤防隐蔽工程环境监理工作可以大致分为准备阶段、实施阶段和收尾阶段，各阶段环境监理工作成果如下。

1. 准备阶段（2001年12月底以前）

组织人员参加了水利部工程监理培训和环境监理研讨班学习，确保主要环境保护人员持证上岗；编写了环境保护法律法规选编、环境监理工作规划、环境监理工作细则及环境监理作业表格；组建了环境监理骨干队伍，全体首次到武汉市堤防施工现场考察，以点上考察到面上资料分析，初步研究制订了整个堤防环境监理工作计划。

2. 实施阶段（2002年）

2002年1—5月，是2002年工程项目全面施工阶段。这一阶段，环境监理人员参加工地例会198次，现场巡视达到1046次。平均每月对各标巡视检查3～4次，审核施工环境保护措施88次，监理站发出监理文函34次，现场监理发出通知、指令295次，定期编制提交环境监理月报共计65份。监理过程中，为了对环境敏感点进行环境影响验证，根据工程施工影响特点与环境特征，从重点控制的角度，环境监理站委托长江流域水资源环境监测中心对16个施工项目作了水质监测，监测项目主要是pH值、悬浮物等，点位75个，共150个数据；对4个在建施工项目进行了噪声监测，点位17个，共17个数据。

与此同时，对已结束的项目环境保护检查与评估工作也在这一阶段3个月时间内完成。组织了两个调查组共计20余人，对1999—2000年和2000—2001年实施的129个标段施工项目环境保护情况进行全面的检查，查阅建设单位、工程监理单位和施工单位的大量的建设档案文件资料，进行了现场调查、取证，对现场检查发现的遗留环境问题提出了整改要求，并进行现场监督执行，在编写完成129份各标段的环境监理报告之后，又编制提交了33份各项目的环境监理报告。

2002年6—12月，在建施工项目陆续完成，环境监理工作转入资料整编和编写环境监理工作报告阶段。同时参加完工项目分部工程验收和单位工程验收有关工作。本阶段主要编写提交了76份各标段环境监理报告和18份各项目的环境监理报告。

3. 收尾阶段（2003年）

2003年，长江重要堤防隐蔽工程全部完成，单位工程验收集中在上半年进行。环境监理除了现场检查迹地恢复情况，还参加了单位工程验收，对施工环境保护情况进行全面的审核评估，又编制提交了33份单位工程验收环境监理工作报告。工程项目验收通过后，向业主移交了系统、完整的环境监理档案资料，并通过了档案资料的验收。

（二）主要环境问题的处理与控制效果

环境监理事前进行环境保护措施审核，建立了有效的预控、预警机制，避免敏感环境问题的产生，事中加强环境保护措施的检查与监督，发现问题及时得到处理，事后对各项环境保护措施执行情况进行复核与评估，消除了遗留环境问题和隐患。由于环境监理的介入，工程在水土流失防治、人群健康防护、水气声环境保护等方面效果显著。

1. 水土流失控制

按照施工合同，环境监理要求各工程项目承包商在所编报的施工组织设计中，制定施工弃土弃渣的有效处理措施，并进行审查。现场环境监理要求项目经理部按指定地点有序堆放弃土和弃渣，堆高不得超过2m，并压实平整，在适当或完工的时候进行迹地恢复。

对涉水法建防渗墙的施工，环境监理要求施工方严格控制泥浆水循环过程，合理布设储浆池、沉淀池、弃浆池、排渣池及导流设施和排水沟等。

另外，环境监理特别指出严禁弃土、弃渣入江。施工期间，现场监理人员还通过巡视检查和旁站监理等加强环境监管力度，一旦发现施工单位随意弃置弃土等问题，立即对项目经理部采取口头警告措施，要求进行限期整改，对没有进行整改或者采取措施后仍达不到环境保护要求的，则下发监理通知单或发函，直至满足要求为止。

例如，环境监理在对荆南长江干堤加固工程巡视检查中发现，个别施工队有推施工弃土入江的现象。环境监理人员及时在监理例会上对弃土入江的做法提出严厉批评和警告，随后，环境监理站发出《环保问题通知单》，要求立即采取措施，全力减少已造成的损失，并提出管理措施，确保此类事情不再发生。施工单位针对环境监理的意见对相关责任施工队进行经济处罚，同时制定了整改和预防措施。经调查，整改措施执行后，总体上未对环境造成大的影响。

环境监理人员 2002 年 12 月巡视纵阳江堤加固工程唐家河堤段时，发现削坡施工现场有大约 500m³ 削坡弃上堆放在脚槽处的江滩边，存在影响长江水域水质隐患。环境监理立即通知项目部经理，要求对弃土问题进行整改，为此，环境监理特发《关于清理施工场地的函》，文中要求："……削坡、汛后淤积的弃土、弃渣不得堆放在江水边影响长江水域水质，选择符合环境保护要求的滩地堆放并整平压实，恢复施工迹地。……"施工方对此十分重视，项目部经理到现场制止施工人员违反环境保护要求的施工行为，控制了弃土对环境的影响，同时组织施工人员按环境监理要求进行整改，将弃土、弃渣移至弃土场堆放并整平压实，并做好施工场地迹地恢复工作。

2. 珍稀水生动物保护

长江芜裕河段河道整治工程施工现场邻近白鳍豚自然保护区，因此环境监理严格要求施工单位在施工期间要加大对长江中水生珍稀动物的保护，严禁捕杀国家保护动物，避免对其造成伤害。环境监理通过在工程例会上和巡视监理工作中，加强对国家保护的水生动物白鳍豚、江豚等的宣传，以提高施工人员对白鳍豚、江豚的保护意识。并敦促施工单位竖立了保护白鳍豚、江豚的警示牌；在水下抛石时，派环境保护员进行观察，如发现白鳍豚、江豚等在附近活动时，采取驱赶或停工避让等办法避免对其造成伤害。据环境监理调查，施工期间大部分施工标段未发现国家保护水生动物在施工区域出现，个别施工标段发现江豚在施工区域活动，已采取了相应保护措施，无因施工活动伤害江豚的事例发生，也未发生捕杀国家保护水生动物的情况。

3. 取水口水质保护

堤防加固项目部分工程的施工江段内有水厂的取水口，保护这些取水口处的水质不受施工活动的影响成为环境监理工作的一个重点。

在同马大堤加固工程六合圩护岸工程施工段环境监理现场调查中发现有一处漳湖集镇自来水厂取水口，为当地居民生活用水水源地，水厂系间断取水，每天早、中、晚 3 次。为避免污染取水口水质，环境监理要求施工单位在水下抛石施工中避开取水时间，以免污染水源地，环境监理还加强对六合圩取水口所在施工段的巡视检查，坚决制止削坡弃土抛投入江，以免污染取水口水质，督促项目部加强对各船舶运输人员的教育和管理，控制了船舶废物油水排放，废弃物收集后运到指定地点处理。施工单位按环境监理要求错开水厂取水时间进行抛石作业，为了掌握水质变化情况，环境监理对六合圩施工段取水口的水质进行了取样检测，检测结果表明施工未对取水口水质产生明显影响。

武汉市长江干堤加固工程护岸施工可能会对青山水厂、沌口开发区水等取水口水质造成影响，因此在护岸工程抛石施工前，环境监理、项目经理部和水厂三方协商决定由青山水厂派专人携带水厂取水泵站有关图纸，指导施工单位进行抛石施工作业，避免施工对取水口的影响。在沌口开发区水厂取水口处堤段，按环境保护要求，改换了原抛石施工方案，保证了取水泵站的正常运行。经环境监理人员调查，本项目施工期间未发现防渗、护岸工程施工影响当地生活饮用水水源、生产用水水源的情况。

4. 施工废水浆液排放控制

在长江重要堤防隐蔽工程施工中，防渗施工中会产生大量的废泥浆，有可能对长江水质造成较大污染。因此环境监理重点对防渗工程加强了控制。在施工前，环境监理就要求项目部按施工合同要求，结合长江水利委员会建设管理局的《环境保护作业指导书》中相关要求，事前制定好相应的泥浆处置措施。在施工过程中，环境监理重点巡视所修建的蓄浆池是否有足够容量以及泥浆排放控制情况，一旦发现问题或隐患及时进行处理。

在江西省赣抚大堤第二标段防渗工程采用射水造墙法、高压旋喷法注浆，施工中产生大量废水泥浆。据现场测算，施工段可产生1万多立方米的废水浆液，且施工段位于城市取水口上游100m。为避免取水口水质和周围环境污染，环境监理指示施工单位采用了两个沉浆池，并严格监督及时清池，确保沉淀后清水排放，又经取水口上游设点检测验证，未发现水质异常。又如荆南三标，在监理的严格控制下，施工单位在堤脚采用了4个蓄浆池，废泥浆采取多级沉淀后，抽取清水循环利用，在施工过程中未出现环境污染问题。再如黄冈二标，在进行塑性防渗墙施工时，虽采取了储浆池措施，但由于堤身和堤基本身原因，储浆池出现了严重的漏浆现象，如不采取措施堵漏，外泄泥浆极有可能排入江中造成污染，环境监理立即责令承包商组织施工人员及时进行堵漏、挖导流沟和在堤外滩筑起了多处围堰，防止了泥浆流入江中。

5. 人群健康防护

长江重要堤防隐蔽工程许多施工江段为血吸虫病疫区，为保护施工人员的健康，环境监理下发专函，要求加强对血吸虫病的防范工作，并对预防性药物和防护用品的发放情况进行检查、核实和督促。

在枞阳大堤、无为大堤等工程建设中，在环境监理的督促下，建设单位请来当地血吸虫病防范（以下简称血防）工作者宣传血防知识，通过宣传栏、印发资料等形式教育员工，进一步提高施工人员对血吸虫病的认识，在施工滩地上竖立血防警示牌，提醒施工人员不要直接接触疫水。环境监理督促施工单位购买了血防药品和血防用品，发给接触疫水施工人员涂抹服用，对预防血吸虫病感染起到重要作用，保障了人员健康。在施工期发现感染血吸虫病人极少，对已发现的患者进行了及时治疗。

同马大堤加固工程建设初期施工人员以江水为饮用水源，饮水卫生难以得到保障，环境监理发现此问题后，要求施工单位采用购买纯净水、使用当地井水、修建蓄水池、药物消毒等方法解决施工人员的饮用水卫生安全问题。各施工单位基本按环境监理的指示一一落实，保证了施工人员的饮水卫生。

6. 施工噪声控制

堤防施工期间不可避免要产生施工噪声，在某些堤段，施工噪声干扰了附近居民的生活，环境监理采取了多种措施来加以控制，尽量减少施工噪声对居民的影响。

泉港分洪闸施工初期，使用了 $20m^3/min$ 750 空压机，其产生的噪声影响到了附近居民的生活。环境监理站发出整改通知，要求空压机限时使用，施工单位按要求整改后空压机作业时间安排在上午 8 点到中午 12 点、下午 3 点到 6 点 30 分之间，晚上不开空压机。因采取的措施得当，施工区噪声得到了有效控制，减少了对敏感点的影响。

汉江遥堤施工进入最后冲刺阶段时，多台施工机械集中在王家营 293+500～294+800 段堤顶，在 294+460 处堤外有大王庙村的民房临堤而建。由于民宅距施工点不超过 10m，工程的昼夜施工不可避免地对住户产生噪声污染，引起住户的不满。在环境监理的协调下，住户与施工单位达成协议，由住户采取自我保护，施工单位对住户所受影响给予一定补偿。

案例三　河口村水库工程环境保护监理

一、环境保护监理方案

2017 年 9 月颁布实施的《水利工程施工环境保护监理规范》明确了环境保护监理工作及相关监理文件。为统一规范水利工程建设环境保护监理行为，便于了解掌握环境保护监理方案的编制目的和内容，现将河口村水库工程建设期编制的环境保护监理规划及实施细则整编为项目环境保护监理方案，以供参考。

（一）工程项目概况

河口村水库位于济源市克井镇境内，坝址距下游五龙口水文站约 9km 处。水库控制流域面积 $9223km^2$，占沁河流域面积 68.2%。

沁河是黄河三门峡至花园口区间两大支流之一，河口村水库位于沁河最后一段峡谷（太行山南麓高山峡谷）出口处，地属河南省济源市，是控制沁河洪水、径流的关键工程，也是黄河下游防洪工程体系的重要组成部分。

1. 工程建设任务

河口村水库工程建设任务以防洪、供水为主，兼顾灌溉、发电、改善河道基流等综合利用，主要有以下几个方面：一是完善黄河下游防洪工程体系，与已建成的小浪底、三门峡、陆浑、故县水库五库联合调度，对提高黄河下游的防洪安全起到重要作用。二是将沁河下游防洪标准由不足 25 年一遇提高到 100 年一遇，也保证了南水北调中线工程 100 年一遇的防洪安全。三是豫北地区能源基地和经济社会可持续发展的迫切需要，每年可提供工业及城市生活用水 1.28 亿 m^3，提供农业灌溉用水 6280 万 m^3。四是改善沁河下游生态环境，保证五龙口断面 $5m^3/s$ 流量。五是每年可为电网提供 0.33 亿 $kW \cdot h$ 的清洁能源。

2. 工程设计标准

河口村水库工程规模为Ⅱ等大（2）型，由大坝、泄洪洞、溢洪道及引水电站组成，其中大坝为 1 级建筑物，泄洪洞、溢洪道为 2 级建筑物，发电洞、电站厂房等为 3 级建筑物，导流建筑物级别为 4 级。大坝设计洪水标准为 500 年一遇，校核洪水标准为 2000 年一遇；电站厂房设计洪水标准为 50 年一遇，校核洪水标准为 200 年一遇，消能防冲建筑物按 50 年一遇洪水设计；大坝按 8 度地震进行抗震复核。电站装机容量 11.6MW，年发电量约 2874/406 万 $kW \cdot h$。静态总投资约 27.75 亿元，总工期 60 个月。

3. 主要技术特征指标

河口村水库工程特性见表 4-5。

表 4-5　　　　　　　　　　　　河口村水库工程特性表

序 号 及 名 称	单位	数量	备　　注
一、水文			
全流域	km^2	13532	
工程坝址以上	km^2	9223	
多年平均年径流量	亿 m^3	5.0	
实测最大流量	m^3/s	4240	1982 年
实测最大洪量（12 天）	亿 m^3	7.22	1954 年
二、水库			
1. 水库水位			
校核洪水位	m	285.43	
设计洪水位	m	285.43	
防洪高水位	m	285.43	
正常蓄水位	m	275.00	
汛期限制水位	m	238/275	前汛期/后汛期
死水位	m	225.0	
2. 正常蓄水位时水库面积	km^2	5.92	
3. 回水长度	km	18.5	
4. 库容			
总库容	$10^8 m^3$	3.17	
死库容	$10^8 m^3$	0.51	
调洪库容	$10^8 m^3$	2.31	
防洪库容	$10^8 m^3$	2.31	

续表

序 号 及 名 称	单位	数量	备 注
调节库容	$10^8 m^3$	1.96	
三、下泄流量			
1. 设计洪水位时最大泄量	m^3/s	7600	500 年一遇
2. 校核洪水位时最大泄量	m^3/s	10800	2000 年一遇
四、工程效益指标			
1. 防洪效益			
保护区面积	km^2	2149	
保护区总人口	万人	233.3	
保护区总耕地面积	万亩	154.4	
2. 灌溉效益			
灌溉面积	万亩	31.05	
补源面积	万亩	20	
年供水总量	万 m^3	10304	包括河口电站尾水供水
3. 供水效益			
年供水总量	万 m^3	12828	城镇与工业
4. 发电效益			
装机容量	MW	10/1.6	
多年平均发电量	万 kW·h	3029/406	大电站/小电站
年利用小时数	h	3029/2536	
五、淹没及工程永久占地			
1. 淹没占地（$P=20\%$）	亩	9023.78	
2. 淹没影响总人口（$P=5\%$）	人	3004	
3. 淹没影响房屋	m^2	150680.16	
4. 工程占地	亩	2744.67	永久 2392.97
六、主要建筑物及设备			
1. 大坝			
坝顶高程	m	288.5	
最大坝高	m	122.5	
坝顶长度	m	530.0	
2. 1 号泄洪洞			
进口底坎高程	m	195	

续表

序 号 及 名 称	单位	数量	备 注
典型洞身断面	m²	9×13.5	（宽×高）
工作门孔口尺寸	m²	2-4×7	两孔（宽×高）
设计流量	m³/s	1961.60	
3. 2号泄洪洞			
进口底坎高程	m	210	
典型洞身断面	m²	9×13.5	（宽×高）
工作门孔口尺寸	m²	7.5×8.2	（宽×高）
设计流量	m³/s	1956.77	
4. 导流洞断面尺寸	m²	9×13.5	长度740m，1条
5. 溢洪道			
孔口净宽	m	3×15	3孔
设计流量	m³/s	6924	
6. 引水发电洞			
水轮机台数	台	2	2
额定出力	MW	10	1.6
单机容量	MW	5.0	0.8
七、施工			
1. 主体工程量			
土石方明挖	万 m³	303.18	
洞挖石方	万 m³	25.98	
填筑土石方	万 m³	656.2	
混凝土和钢筋混凝土	万 m³	40.96	
回填灌浆	万 m³	3.85	
帷幕灌浆	万 m	8.5	
固结灌浆	万 m	5.66	
金属结构安装	t	3874.5	
2. 主要建筑材料			
水泥	万 t	21.39	
钢材	万 t	33.29	

4. 工程主要建设内容

河口村水库主要建设内容见表4-6。

表 4-6   河口村水库主要建设内容一览表

序号	工程项目类别	工程项目名称	备注
一	前期工程		
（一）	交通工程	外线路、场内 1 号、2 号、4 号、5 号、11 号永久道路	
（二）	永久供电工程	35kV 高压架空输电线路	
（三）	房建建筑工程	建设管理设施、仓库及辅助生产用房	
（四）	临时工程	场内 3 号、5 号、7 号、8 号、9 号临时施工道路，导流洞进口明渠及 0+000～0+274 洞身、大坝上游截流戗堤、大坝上下游围堰等	
（五）	水保工程	弃渣场防护工程、渣场复土、生物工程	
二	主体工程	混凝土面板堆石坝、溢洪道、1 号泄洪洞、2 号泄洪洞、防渗、大电站、小电站、安全监测等工程	

（二）项目立项、环评文件、初设文件批复

2009 年 2 月，国家发展改革委以发改农经〔2009〕562 号文批复了《沁河河口村水库工程项目建议书》；2010 年 3 月，国家环保部以环审〔2010〕76 号文批复了《沁河河口村水库工程环境影响报告书》；2011 年 2 月，国家发展改革委以发改农经〔2011〕413 号文批复了《河南省沁河河口村水库工程可行性研究报告》；2011 年 11 月，国家发展改革委以发改投资〔2011〕2586 号文批复了河口村水库工程初步设计概算，批复工程总投资 27.75 亿元；2011 年 12 月，水利部以水总〔2011〕686 号文批复了《沁河河口村水库工程初步设计报告》，总工期 60 个月。项目主要环保设施"三同时"要求见表 4-7。

表 4-7   项目主要环保设施"三同时"要求

类别	环保设施名称	位置	环评要求
废水	生活污水处理系统	水库管理局	生活污水实施污水处理设施，达标处理，实现零排放
噪声	施工噪声控制措施		采取噪声达标、发放补偿
	交通噪声控制措施	村镇 100m 道路两侧设立警示牌（限速）	
生态	生态基流保障措施	电站尾水	全年保障生态基流下泄，用于下游河道生态保护
	取土场生态恢复	取土场	进行绿化或复耕
	渣场生态恢复	渣场	进行绿化或复耕
	临时占地恢复	临时占地	临时占地应得到恢复
	绿化、水体保持	生产生活区、移民安置区、道路两侧等地	实施绿化工程
	鱼类增殖放流	库区增殖放流站	实施主要鱼类增殖放流
	自然保护区	库区生态监测	陆地生态恢复及陆地生态监测
	名木古树移植		
	自然保护区生态影响减免措施	自然保护区	猕猴等珍稀动物活动通道、宣传牌、喂养点、保护站、硝塘等

续表

类别	环保设施名称	位 置	环 评 要 求
风险防范	环保警示牌、车辆限行牌、道路导向牌等	库区水域附近、坝顶公路	在库区水域附近、坝顶公路上设置环保警示牌，标明水库为饮用水水源地，禁止各种污染或可能污染水体行为。设置车辆限行牌，社会车辆不得驶入坝顶公路
	安全警示牌、车辆减速装置		在距村镇100m的道路两侧设立警示牌

（三）环境保护监理组织机构

1. 组织机构

受河南省河口村水库工程建设管理局的委托，黄河水资源保护科学研究院组建工程环境监理部承担沁河河口村水库工程环境监理工作。

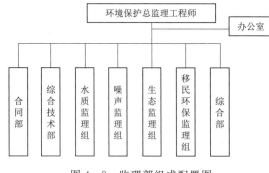

图4-8 监理部组成配置图

2. 环境监理组织机构设置

项目部采用职能型环境保护监理组织模式，环境保护总监理工程师全权负责环境保护现场工作，下设7个职能机构，分别从职能角度对基层监理组进行业务管理。环境监理人员共7人，其中总监理工程师1人，总监理工程师代表1人，监理工程师2人，监理员3人。具体组成配置如图4-8所示。

（四）环境保护监理工作范围、目标及内容

1. 环境监理工作范围

河口村水库工程环境监理工作范围具体在"环境监理合同"约定，主要包括有以下几点：

（1）协助建设单位在项目建设过程中执行建设项目环境管理的有关规定。

（2）协助建设单位全面执行《环境影响报告书》及环保部对该环保部批复要求。

（3）代表建设单位监督项目施工过程存在的各类环境问题。

（4）掌握本项目各类污染治理设施的施工计划和资金落实及支付情况。

（5）对各类污染治理设施的施工进度和施工质量实施全过程控制。

（6）监督各方履行合同情况。

（7）协调建设单位、施工单位及有关各方的关系。

2. 环境监理工作目标

河口村水库工程环境监理的主要目标是保证项目环境影响报告书及其批复中要求的环境保护措施落实到位，确保各项污染治理设施及配套工程能充分、有效地发挥效益，将工程施工对生态环境产生的不利影响降到最低限度，确保各类污染防治措施施工质量和施工进度与主体工程同步，满足工程验收申请批准要求，达到合同约定的环境保护目标。

上述环境监理目标，还包含以下内容：

（1）明确提醒业主并监督施工单位落实各自应承担的环境保护职责。

（2）确保施工单位按设计要求对环保设施进行施工；对于环评中没有注意到的其他重要的要素或因子，确需进行保护的，按照程序向业主建议，向环境行政主管部门反映情况。

3. 环境监理工作主要内容

（1）工程施工过程中环保法律法规、政策、标准的执行情况。

（2）环境影响评价报告书及批复中各项污染控制措施的落实情况。

（3）工程施工期废气、废水、废渣、噪声的防治措施。

（4）生态保护措施的落实。

（5）污染防治设施投资控制。

（6）污染防治设施施工质量控制。

（7）污染防治设施施工进度控制。

（8）污染防治设施工程技术路线的保证。

（五）环境保护监理工作依据、程序、方法及制度

1. 环境监理依据

（1）《沁河河口村水库工程环境监理合同》。

（2）《沁河河口村水库工程环境影响报告书》及其批复（环审〔2010〕76号）。

（3）《中华人民共和国环境保护法》。

（4）《中华人民共和国大气污染防治法》。

（5）《中华人民共和国水污染防治法》。

（6）《中华人民共和国噪声污染防治法》。

（7）《中华人民共和国固体废物污染环境防治法》。

（8）《中华人民共和国水土保持法》。

（9）《中华人民共和国防洪法》。

（10）《中华人民共和国水法》。

（11）《中华人民共和国行政许可法》。

（12）《中华人民共和国水土保持法实施条例》。

（13）《中华人民共和国基本农田保护条例》。

（14）《中华人民共和国河道管理条例》。

（15）《中华人民共和国野生动物保护法》。

（16）《关于开展水利工程建设环境监理工作的通知》（水资源〔2009〕7号）。

（17）《关于进一步推进建设项目环境监理试点工作的通知》（环办〔2012〕5号）。

（18）《河南省环境保护厅关于进一步规范环境监理工作的通知》（豫环文〔2012〕150号）。

2. 环境保护监理工程程序

（1）依据监理合同、设计文件、环评报告、水土保持方案以及施工合同、施工组织设计等编制环境保护监理方案。

（2）按照环境保护监理方案开展环境保护监理。

（3）工程交工后编写环境保护监理总结报告，整理监理档案资料，提交建设单位。

（4）参与工程阶段和竣工环保验收。

3. 环境监理工作方法

根据沁河河口村水库工程建设的实际和工程环境监理要求，环境监理的方法有以下几种：

（1）旁站。

旁站是一种相对固定的检查方式。环境监理工程师对建设工程（设施）的重点部位和重要施工程序进行旁站，检查整个过程可能出现的质量问题和环境问题。

（2）日常巡视。

这是一种流动的检查方式，也是环境监理工程师日常主要工作方式。对环境工程项目实行巡回检查，如生态破坏和恢复污染防治设施的制作安装，事故应急处理设施、危险品、化学品收集存储设施建设、粉尘污染、污水处理设施建设等。

（3）例会。

根据工程项目建设的实际需要定期召开工程环境监理例会，就日常检查过程中发现的各种环境问题进行通报，提出具体整改要求。

（4）环境监理通知。

在日常巡视中发现的环境问题，在现场向承包商提出口头整改意见，随后就这一问题向承包商下达环境监理通知书，提出具体整改要求。同一问题下达两次环境监理通知仍不整改者，根据《沁河河口村水库工程环境监理合同》建议业主更换承包商或相关岗位人员；对环保工程（设施）出现严重质量问题或生态破坏严重的，报请业主批准实施停工；出现重大环境污染事件和生态破坏的，报请地方有关行政主管部门实施行政处罚。

4. 环境监理工作制度

为了保证环境监理工作的顺利实施，环境监理单位建立了一套行之有效的监理工作制度。具体包括如下几方面。

（1）工作记录制度。

环境监理工程师根据工作情况做出监理工作记录（文字和图像），重点描述现场环境保护工作的巡视检查情况，对于发现的主要环境问题，分析产生问题的主要原因，监理工程师对问题的处理意见等均做记录。

（2）监理报告制度。

编制的环境监理报告包括环境监理月报、阶段性报告及监理总结报告。环境监理报告报送业主和环境保护行政主管部门。

（3）函件来往制度。

监理工程师在现场检查过程中发现的环境问题，首先口头通知施工方改正，随后以书面函件形式予以确认。对已确认的环境问题，在征得业主的同意下，通过下发环境监理通知单，通知承包商采取措施予以纠正。监理工程师对承包商某些方面的规定或要求，通过书面的形式通知对方。同样，承包商对环境问题处理结果的答复以及其他方面的问题，也要书面通知监理工程师。

需要由业主履行环境管理责任的，环境监理工程师以书面函件形式告知业主。

（4）环境监理例会制度。

环境监理单位定期组织业主、各施工单位、设计单位召开环境监理例会，就巡视过程中发现的环境问题进行通报，安排解决上阶段的遗留问题，同时安排下一步的工作。施工期间发生的一切环境问题都在例会上提出来，确保工程顺利进行。

（5）监测制度。

根据施工区环境保护需要，开展环境监测工作，使环境监理工程师依据可靠的数据资料进行科学决策。

（6）事故报告制度。

对监理过程中发生的突发性环境污染事故，除立即督促业主、施工方采取有效措施外并及时报告地方环境保护主管部门。

（六）环境保护监理工作要求

《沁河河口村水库工程环境影响报告书》和环保部《关于沁河河口村水库工程环境影响报告书的批复》（环审〔2010〕76 号）根据本项目的建设特点、规模和性质明确了环境主要污染因子对周围环境影响，对环境保护监理工作明确提出了相应的要求。

1. 水环境保护要求

（1）施工期保护措施。

1）砂石料加工废水处理措施。

a. 废水概况。

砂石料加工系统中成品料生产能力为 285t/h，固体悬浮物（SS）排放浓度约为 50000mL/L。砂石料冲洗废水主要污染物是 SS，具有废水量大、SS 浓度高的特点，若不经处理直接排放，将对下游河道水质造成较大影响。

b. 处理目标。

砂石废水经处理后达到《污水综合排放标准》（GB 8978—1996）一级标准后回用，此时 SS 指标为 70mg/L。

c. 处理方案。

砂石料场冲洗废水先进入沉淀池，沉淀粒径为 0.20mm 以上沙粒，再进入投加絮凝剂的沉淀池中，进行絮凝沉淀。具体处理流程见图 4-9。

d. 运行管理和维护。

按照"三同时"要求，为保障废水处理系统有效运行，建设单位将废水处理设施建设与有效运行作为合同条款之一纳入工程承包合同。同时，工程环境管理部门定期对处理设施管理运行进行监督检查，及时掌握废水处理运行情况，对不良情况提出整改意见。

2）混凝土拌合系统废水处理措施。

a. 废水概况。

工程布置一处混凝土拌合系统，施工废水呈碱性，pH 值为 12，SS 排放浓度为 5000mg/L。

b. 处理目标。

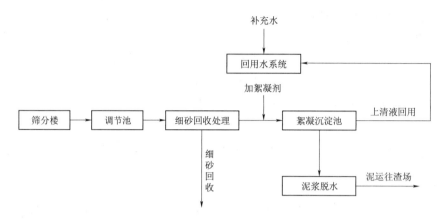

图 4-9 混凝沉淀法废水处理流程图

废水经处理后悬浮物浓度小于 70mg/L，pH 值控制在 6～9。

c. 处理方案。

针对混凝土拌和系统间断排水、水量很小的特点，各个系统均采用统一形式和规模的矩形处理池，每台班末冲洗废水排入池内，静置到下一台班末回用于混凝土搅拌机，沉淀时间达 6h 以上。池大小为 3m（长）×3m（宽）×2m（高）。池出水端设计为活动式，便于清运和条件水位。

d. 运行管理与维护。

由于混凝土冲洗废水量很小，处理构筑物简单，没有机械设备维护，在运行过程中要注意定时清理。

3）机修系统含油污水处理措施。

a. 污水概况。

在坝下右岸河口村东侧附近布置机械修配及汽车保养厂，机修系统污水中主要污染物为石油类，浓度为 10～30mg/L。

b. 处理目标。

对机修系统含油污水进行油水分离，使其达到《污水综合排放标准》第二类最高允许排放浓度一级标准，石油处理目标为 5mg/L 以下。

c. 处理方案。

在机械修配及汽车保养厂设置沉沙滤油池，减少机械冲洗废水对水体的影响。机械停放保养场四周布置排水沟，收集废水至沉沙滤油池，滤油池大小根据机械冲洗水量而定，实现达标排放，部分出水用于降尘等回用措施。沉淀池污泥需定期清理，干化后运至渣场，在运行过程中注意废油及时收集，妥善保存，定期运往专业回收企业处理。

4）生活污水处理措施。

a. 污水概况。

工程生活污水来源于施工期生活用水和粪便排放。施工高峰期时段生活污水排放量为 260.8m³/d，污水中主要污染因子浓度 BOD_5 300mg/L、COD_{Cr} 400mg/L。

b. 处理目标。

施工区生活污水经处理，达到《污水综合排放标准》（GB 8978—1996）一级排放标准，用于回用。

c. 处理方案。

采用成套生活污水处理设备。处理效果可以达到《污水综合排放标准》（GB 8978—1996）一级排放标准。

d. 方案设计。

施工期，分别在沁河左右两岸施工营地配备一成套污水处理设备。生活污水处理达标后用于洒水、降尘等回用措施。

e. 其他施工区域废水处理措施。

鉴于施工区域较为分散，在施工相对集中区域可修建临时厕所和环保厕所，并将收集的粪便、污水用于农肥使用，严禁直接排放。施工人员残渣剩饭统一收集并由附近养殖户运走作饲料。

（2）水库运行期下游河道水环境保护措施。

1）水库初期蓄水阶段供水水质监测。

水库在初期蓄水前期阶段，水体水质较差，不能满足相应要求。因此在蓄水初期不向城市供水，同时加强相关水质监测工作，待水质满足要求后，方可作为济源市供水水源。

2）汛期下泄洪水流量的保证。

水库初期蓄水阶段在汛期对下游河道洪峰流量影响较大，为保证河道水量，同时考虑工程安全，在洪水期加大下泄流量。初期蓄水应分阶段、分时段有序进行，严格按照国家相关规定进行，保障防洪工程设施安全。

3）加快坝址下游电站运行管理机构生活污水处理设施建设。

对于生活污水，延续使用施工期设置在业主营地处的生活污水处理设施，使其由临时运行设施转为永久运行，对污水进行处理。处理后污水用于管理场所的绿化用水。

产生生活垃圾总量较小，在管理站内设置统一的收集场所，由管理部门雇用垃圾清运人员定期清运，运至附近垃圾处理场所。

4）水库下泄低温水影响减缓措施。

工程采用三层取水口方案。具体布置为高层取水口230m，中层取水口220m及低层取水口215m。水库在运行调度时，可根据实际来水情况及库区水位变化，开启不同高程进水口，做到尽量取用水库表层水，最大程度减缓下泄低温水影响。

2. 环境空气保护要求

（1）保护目标。

自然保护区大气环境质量按照《环境空气质量标准》（GB 3095—1996）一级标准执行，污染物排放执行《大气污染物综合排放标准》（GB 16297—1996）中的新污染源大气污染物无组织排放监控浓度限值1mg/m³。其他区域大气环境质量按《环境空气质量标准》（GB 3095—1996）中的二级标准执行，污染物排放执行《大气污染物综合排放标准》（GB 16297—1996）中的新污染源大气污染物无组织排放监控浓度限值1mg/m³。

（2）爆破开挖粉尘控制措施。

1）尽量采用凿裂法施工。

2）凿裂和钻孔尽量采用湿法作业，减少粉尘产生量。

3）尽量采用定向爆破、延时爆破、预裂爆破、光面爆破、缓冲爆破技术、深孔微差挤压爆破等技术，并减少爆破次数，增大单次爆破规模，通过微差爆破技术保证安全性并加强爆破效果，以减少粉尘、振动和冲击波的影响。

4）若采用带有捕尘网的浅孔钻孔，必须禁止把岩尘作为炮孔的堵塞炮泥，以防止岩粉在炮堆的鼓包运动过程中被扬起。

5）在开挖、爆破高度集中的区域，非雨日每日洒水降尘，特别是在爆破前后，起到防止粉尘扬起的作用，以缩小粉尘影响的时间和范围。

6）爆破产生料方应集中堆放，缩小粉尘影响范围，应及时回填或清运，并采取围挡、遮盖等防尘措施，减少粉尘影响。

7）在现场爆破规定统一的爆破时间，公告周围村民。避免因爆破震动造成村民心理恐慌，保证工程的顺利进行和安全。

8）在可能发生飞石危害的部位进行覆盖或防护墙进行防护。

9）在爆破前，应注意风向，村庄处下风向时，禁止爆破。

（3）燃油废气控制措施。

1）选用环保型施工机械、运输车辆，并选用质量较好的燃油，在排放口安装合适的尾气吸收装置，减少燃油废气排放。

2）加强对施工机械、运输车辆的维修保养。禁止不符合国家废气排放标准的机械和车辆进入工区，禁止以柴油为燃料的施工机械超负荷工作，减少烟尘和颗粒物排放。

3）配合有关部门做好施工期间周边道路的交通组织，避免因施工而造成交通堵塞，减少因此而产生的怠速废气排放。

（4）混凝土加工系统粉尘控制措施。

1）砂石骨料加工应采用湿法筛分的低尘工艺，在初碎、预筛分、主筛分、中细碎车间配备除尘装置，减少粉尘产生量。

2）混凝土采用封闭式拌合楼生产，内设除尘器减少粉尘。

3）砂石骨料加工系统中的粗碎设备、旋回设备机器等设备加装喷雾器，以减少粉尘产生，并加快扬尘沉降。

4）加强施工区的规划管理，施工材料（水泥、砂石骨料等）的堆场定点定位，缩小粉尘影响范围，并采取围挡、遮盖等防尘措施，减少粉尘影响。

（5）交通粉尘控制措施。

1）沁河左右岸各配置洒水车一辆，对运输车辆行驶路面应经常洒水和清扫，保持车辆出入的路面清洁、湿润，同时在车辆出入口竖立减速标牌，限制行车速度，减少行车时产生的大量扬尘。

2）水泥、粉灰等颗粒较小的材料采用封闭运输，保证运输容器的良好密闭状态，有效减少运输过程中的粉尘产生。

3）加强施工管理，坚持文明装卸，避免袋装材料散包。合理安排施工车辆行驶路线，尽量避开居民集中区，控制施工车辆行驶速度，路经居民区集中区域应尽量减缓行驶速度。

4）设置车辆清洗设备以及配套的排水、泥浆沉淀设施，运输车辆应当在除泥、冲洗干净后方可驶出施工工地；运输车辆卸完货后应清理车厢，工作车辆及运输车辆在离开施工区时冲洗轮胎，检查装车质量。

5）依据不同路段，做好公路绿化，栽种树木和灌木。

（6）人员防护措施。

1）粉尘、扬尘、燃油产生的污染物对人体健康有害，对受影响的施工人员做好劳动保护，如佩戴防尘口罩、面罩。必要时在施工区周围设立简易隔离围屏，将施工区与外环境隔离，减少施工废气对外环境的不利影响。

2）加强对施工人员的环保教育，提高全体施工人员的环保意识，坚持文明施工、科学施工，减少施工期的空气污染。

3）主要工程施工区在非雨日应进行洒水降尘，缩小粉尘影响的时间和范围，保障施工人员及村民的身体健康。

4）其他保护措施。垃圾中可燃物，如废纸、废木料等，禁止就地焚烧处理。

3. 声环境保护要求

（1）保护目标。

施工区满足《建筑施工场界环境噪声排放标准》（GB 12523—2011），昼、夜间噪声限值分别为70dB（A）、55dB（A）；环境噪声执行《声环境质量标准》（GB 3096—2008）中的1类标准，昼、夜间噪声控制标准分别为55dB（A）、45dB（A）。

（2）爆破噪声源控制。

施工区域分别涉及河口村、金滩村。工程在施工爆破过程中对以上村庄影响较大，采取以下措施：

1）严格控制爆破时间，尽量定时爆破，夜间22：00至次日7：00禁止爆破。

2）采用先进的爆破技术，采用微差爆破技术，可使爆破噪声降低3～10dB（A）。

3）对于深孔台阶爆破，注意爆破投掷方向，尽量使投掷的正方向避开受影响的敏感区域。

4）尽量减少预裂或光面爆破导爆索的用量。

5）尽量较少单孔炸药量，把最大单响控制在150～500kg。

（3）施工设备噪声控制。

1）设备选型时尽量采用低噪声设备，降低混凝土振动器噪声，将高频振动器改为低频率振动器，以减少施工噪声。

2）施工期间加强机械设备的维护和保养，尽可能降低噪声。

3）对于施工机械噪声，首先应在施工布置时合理安排混凝土搅拌机等噪声较大的机械，尽量避开居民区，必要时设置隔声屏。

（4）交通噪声控制。

工程在施工及运输过程中，沿途经过河口村、金滩村、大社、裴村等重点保护目标。

施工过程中采取以下交通防护措施:

1) 在以上村镇路段实行交通管制措施,分别在距村镇 100m 的道路两侧设立警示牌,限制车辆行驶速度不高于 20km/h,驶入敏感区域内禁止长时间鸣笛。

2) 加强道路的养护和车辆的维护保养,降低噪声源。

3) 合理安排运输时间,避开午休时间,夜间禁止施工。

(5) 施工人员保护。

对混凝土搅拌机、推土机、挖土机、压路机等高噪音环境下作业人员实行轮班制,每人每天工作时间不超过 6 小时。给受噪声影响较大的施工作业人员配发耳塞等噪声防护用品,减轻噪声危害。

4. 固体废弃物处理要求

(1) 施工期固体废弃物处理措施。

1) 弃渣处理。

工程布置 3 个渣场,弃渣填埋后做好水保措施,植树种草,防止水土流失。

2) 施工垃圾处理。

生活垃圾集中选点收集堆放,并委托当地环卫部门定期清运,统一处理。

在每个施工营地、建设管理营地设置若干垃圾桶,承包商在其生产、生活营区安排专人负责生活垃圾的清扫和定期转运至环保部门指定的堆放地,严禁进行焚烧、随机堆放等行为。

垃圾桶需经常喷洒消毒药水,防止蚊蝇等传染疾病。

(2) 运行期固体废弃物处置措施。

水库工程管理局配备垃圾桶 10 个,收集工作人员生活垃圾,并定期运至垃圾场填埋处理。

5. 陆地生态环境保护要求

(1) 施工期环保措施。

1) 施工期间,对施工人员和附近居民加强生态保护的宣传教育,以公告、发放宣传册等形式教育施工人员,说明国家法律对野生动植物保护的要求及意义,尤其说明对施工区周边猕猴等国家级保护动物保护的重要性,增强施工人员保护植被和动植物多样性对生态环境重要性的意识。

2) 建立生态破坏惩罚制度,严禁施工人员非法捕猎野生动物,限制施工人员在施工以外区域活动,禁止施工人员野外用火,把对野生动物的干扰降至最低程度。

3) 在各施工区及施工公路沿线设置野生动植物保护警示牌或宣传栏,明确说明国家重点保护动植物的名称及保护级别,说明生物保护的意义等。

4) 项目完建后应进行及时清理,废弃物统一堆放至渣场,新建临时道路及扩建道路两侧应种植行道树,项目施工过程中及时清扫路面,保持施工道路洁净。施工完成后进行植树种草、迹地生态恢复。

5) 施工过程中,根据工程设计优化施工布置,尽量减少施工占地及施工活动对植被的扰动,减少陆生动物生境损失。爆破开采等高噪声、对野生动物影响大、传播距离远的施工活动应限定时段进行，施工应合理规划，减少爆破次数，并应采取无噪声爆破方式进行施工。

6）对国家重点保护动物的保护措施。

工程周边区域的国家重点保护动物主要为猕猴、金钱豹等国家保护动物，针对上述动物的分布，应采取保护措施。

a. 加强日常巡护。

在保护区范围内，实施综合管理，控制区域人为活动。主要从加强日常巡护和宣传教育两个方面强化管理。

水库施工期的日常巡护平均达到 2～3 日 1 次；每年的 10 月至翌年的 4 月是重点受保护鸟类和猕猴等野生动物繁殖季节的集中栖息时段，在此期间日常巡护频率应达到隔日 1 次。

b. 加强施工管理。

保护区内施工作业时间夏季应在 6：30 至 18：00，冬季作业时间应在 7：00 至 16：00。夜晚尽量减少施工，施工车辆严禁在保护区内鸣笛。

（2）水库运行期对保护区猕猴救助措施。

1）增设猕猴投喂点。

增设 2 个补饲点，定期投放食物。

2）建设猕猴生态通道。

在淹没区狭窄处的张庄北、圪料滩西、东滩及酒滩修建 4 座吊桥，规格为桥宽 2m，长度为 280～340m，钢丝绳结构，桥面下铺设木板，高出最高水位 5m 左右。

3）开展生态监测，增设管护站。

在紫柏滩、碾道、鱼天一带设置猕猴等野生动物管护站。

4）增加巡护船。

5）开展跟踪研究。

委托保护区研究工作人员开展猕猴跟踪研究，以便及时掌握工程建设对猕猴生活、生存等方面的影响，提出相应的保护措施。

6. 鱼类保护要求

（1）水库运行期环境保护措施。

1）通过水库调度保护库区及下游河流水体的水质。

在易发生富营养化时段，结合防洪运行增加下泄流量，加大库区水域流动速度，缩短库区换水周期，破坏水体富营养化形成条件。同时，下泄流量增加可改善下游河道水体水质。通过蓄丰泄枯，增加枯水期流量，提高下游河道水体的自净能力。

2）加强水生生物保护措施。

在鱼类主要产卵期间，应尽可能保持水位稳定，水库调度应考虑在防洪安全的条件下，延长泄流时段，降低泄流强度，合理组合泄洪，兼顾消能与防止气体过饱和。

（2）鱼类增殖放流。

1）增殖放流站总体布局。

增殖放流站总占地面积约 20 亩，分设办公区、繁殖区、孵化育苗车间区、亲鱼及大规格苗种饲养区等。主要设施包括蓄水池、孵化设施、育苗车间、供电设施、增氧设施、办公综合用房、道路、捕捞设施、亲鱼培养池、苗种培育池、排灌系统等。站内种植四季常青的树木和草皮，绿化面积不少于 40%。

2）增殖放流站主要设备。

a. 孵化育苗车间设备主要由养殖系统，孵化系统，水处理系统，水质监测系统，水产养殖孵化周边设备及工具、养殖车间常规设施 5 部分构成。

b. 实验室设备。

c. 运输设备主要有活鱼运输车、活鱼运输船等。

3）科学合理确定增殖放流方案。

选择在渠首、东滩、张庄等河段水域进行放流，共设 3～5 个放流点，全部位于坝址上。为保证放流苗种的自然成活率，苗种放流前需在自然水体里经过一段时间的适应性暂养和锻炼。放流时，应将鱼种分散于广阔水域中，使其获得适合的生存环境和饵料条件。

7. 人群健康保护要求

（1）环境卫生清理。

在生活区每年定期灭杀老鼠、蚊虫、苍蝇、蟑螂等有害动物。采用鼠夹法灭鼠，喷洒灭害灵等方法灭蚊蝇、蟑螂。夏、秋季施工人员应挂蚊帐、不露宿，减少蚊虫叮咬机会，服用抗疟药物，以达到控制其流行的目的。

（2）环境卫生及食品卫生管理。

施工期间加强对施工人员生活区、办公区、生活饮用水水源、公共餐饮场所、垃圾堆放点、公共厕所等地的环境卫生管理，定期进行卫生检查，除日常清理外，每月至少集中清理 2 次。

从事餐饮工作的人员必须取得卫生许可证，并定期进行体检，有传染带菌者要撤离其岗位。

定期对各营地饮用水源监测，以保证饮水安全。

成立专门的清洁队伍，负责施工区、办公区、生活区的清扫工作，设置垃圾桶、垃圾车。公共卫生设施应达到国家卫生标准。

（3）卫生防疫措施。

1）建档及疫情普查。

为预防施工区传染病的流行，在施工人员进驻工地前，施工单位应对施工人员进行全面的健康调查和疫情建档，健康人员才能进入施工区作业。

2）疫情抽查及预防计划。

在施工期内，根据疫情普查定期进行疫情抽样检疫。疫情抽查内容主要为当地易发的肝炎、痢疾等消化道传染病、肺结核等呼吸道疾病以及其他疫情普查中常见的传染病，发现疫情及时治疗。

施工期每年秋季检疫一次，检疫人数按施工期高峰期人数 10% 计。

为有效预防现场流行疾病，提高施工人员的抗病能力，定期对施工人员采取预防性服药、疫苗接种等预防措施。

3）疫情监控和应急措施。

施工单位应按当地卫生部门制定的疫情管理制度及报送制度进行管理，并及时上报卫生防疫主管部门。

二、环境保护监理工作实施

在工程施工准备阶段，按照环评报告及批复文件要求、水土保持方案及批复文件要求，项目法人通过招投标的方式先后确定了环境监理单位、水土保持监理单位、移民安置监理单位、环境监测单位。

根据本工程环境工作实际情况，环境监理单位根据合同进度要求编制了《河南省河口村水库工程环境保护监理方案》，组建了河口村水库工程环境监理部，从2011年10月进场至2017年3月。在整个施工过程中，环境监理工作人员认真履行监理合同，安排监理工程师深入施工现场进行巡视，一方面了解主体工程进展情况，以便确定下阶段环保工程关注重点；另一方面对现有环保工程及设施建设情况进行了解，针对存在的问题及时通知现场责任人员进行整改，同时向承包商下发监理通知单，并及时报知业主。

至2017年3月，环境监理单位依据《河南省河口村水库工程环境保护监理方案则》，递交环境监理月报、季报、年报和专题报告，蓄水阶段验收总结报告1份，竣工验收总结报告1份。

（一）核查

环境监理人员进场后，依照环评及批复文件，及时对主体工程设计文件、配套环保工程和设施设计文件、涉及自然保护区施工范围进行了复核和审查。对施工组织设计、施工工艺等涉及环境保护的内容进行了核查。经核查，有关设计文件的项目选址、规模、平面布置、施工工艺均符合环评及批复要求，施工营地占地较环评时进一步进行了优化，如5标拌和站利用弃渣场空地进行运行。对核查中发现的生活污水处理设施、拦鱼设施、猕猴索桥等环保设施设计、招标滞后于工程建设进度的问题及时向业主进行了反映，要求业主及时进行整改。工程建设配套的拦鱼设施到货后，参加建管局组织的设备验收会；东滩电解铅厂污染土壤清理前，核查现场清理范围，清理后污染土壤堆放范围用GPS定位坐标并记录在册。

（二）巡视

从2011年10月进场至2017年3月底，在整个施工过程中，环境监理工作人员认真履行监理合同，安排监理工程师深入施工现场进行巡视，一方面了解主体工程进展情况，以便确定下阶段环保工程关注重点；另一方面对现有环保工程及设施建设情况进行了解，针对存在问题及时通知现场责任人员进行整改，同时向承包商下发监理通知单，并及时报知业主。

（三）旁站

除每月定期正常巡视外，环境监理人员对鱼类增殖站建设、施工期环境监测取样、鱼类增殖放流、一体化生活污水处理设备安装调试及施工场地生态绿化恢复等工作采取旁站监理，全过程参与重要环保设施施工建设和环境监测采样，确保环保设施的施工质量及环境监测数据有效性。

（四）定期参加工程例会

从环境监理人员进场至工程具备蓄水条件，环境监理人员每月 11 日、21 日、月底按时参加建管局组织召开的工程例会，听取各标段上旬施工情况及下旬施工计划，并在会议上提出环境监理日常巡视中发现的环境问题及整改要求。

（五）下发环境监理通知单、工作建议

进场至工程蓄水验收，在对工程整个监理过程中，共向施工单位下发 27 份环境监理通知单，向业主单位提交 6 份工作建议。针对巡视中发现的环境问题提出相关建议和整改要求，并在后续监理过程中予以落实。业主单位和施工单位均能够根据通知要求进行整改，有效地推动了监理工作的开展。

（六）宣传培训

环境监理人员进场后，利用参加工程例会、现场巡视、现场工作会的时间，积极开展环境保护宣传工作。同时结合建管局组织的"五比一创"活动中的文明施工要求对进场施工单位进行环境保护宣传、评比。

（七）定期报告

环境监理人员进场后，按时编写月报、年报并报送当地环境保护行政主管部门和业主，将当月工程进展情况、环保措施落实情况以及下月工作计划和工作建议反映给有关部门。至工程竣工验收前为止，环境监理单位共编写环境监理月报 46 期，季报 3 期，年报 5 期，专题报告 1 份，施工期环境监理总报告 1 份。

三、工程环境保护措施落实情况

（一）水环境保护措施

1. 施工期保护措施

（1）砂石料加工系统废水收集后经沉淀池沉淀后回用于砂石料加工系统补水。

（2）混凝土拌和站系统废水产生量较小，收集沉淀后回用于场地洒水。

（3）防渗灌浆施工废水、大坝施工废水经沉淀池收集后回用于道路洒水。沉淀池泥渣运往弃渣场堆放。

（4）车辆修配站含油污水经收集后采用隔油池进行处理，废水产生量较少，处理后的废水用于修配站洒水降尘。

（5）由于各标段生活营地较为分散，除建管局外各标段住宿人员较少，故各标段均设置化粪池处理生活污水，处理后的污水用于附近农田及道路沿线绿化带灌溉施肥。施工现场人员相对集中区修建有临时厕所，收集的粪便、污水运往附近农田用于施肥。

2. 水库下泄低温水影响减缓措施

为减缓工程下泄低温水对于农业生产及水生生物等方面的影响，建管局根据环评及批复要求对工程电站进水口进行了优化设计，采用三层取水口方案。具体布置为高层取水口250m，中层取水口230m，底层取水口220m。水库在运行调度时，可根据实际来水情况

及库区水位变化，开启不同高程的进水口，做到尽量取用水库表层水。

库区水质监测设备房位于进水塔交通桥入口处，目前已安装调试完毕并正常运行，水质监测设备可提供库区水质的高锰酸盐指数、总磷、总氮、溶解氧、pH 值、水温等相关监测数据。

（二）环境空气保护措施

工程采石场爆破前后进行洒水降尘，泄洪洞、溢洪道爆破施工采用定向爆破、延时爆破、预裂爆破深孔微差挤压爆破等先进技术，有效地减少了粉尘的产生量和影响范围。同时根据天气情况，对施工作业面进行洒水降尘。

工程施工车辆定期安排维修保养，施工过程中未发生施工机械超负荷工作情况，减少了烟尘和颗粒物的排放。

砂石料加工系统采用湿法筛分的低尘工艺，混凝土采用拌和站进行拌合，内设除尘器减少粉尘产生。拌和站易引起扬尘的细沙等设棚存放。

在施工过程中各标段均安排有洒水车对施工道路和施工作业面进行洒水降尘。散装水泥采用罐车运输，细沙等易引起扬尘的物料运输采取遮盖措施。施工道路沿线栽种树木和灌木进行绿化。

（三）声环境保护措施

工程施工中严格控制爆破时间，夜间 22：00 至次日 7：00 禁止爆破。采用微差爆破技术，控制单孔炸药量。工程施工道路在临近村庄路段采取限速措施，限制车辆行驶速度控制在 20km/h 以内。通过控制施工时间、加强施工机械车辆的维护保养、施工道路及时养护等措施，工程施工未对周围村庄造成较大的噪声影响。

（四）固体废弃物处理措施

工程生产弃渣主要是土石方开挖、建筑物拆除和清基、清坡等产生的弃渣。环评时工程设置有 3 个弃渣场，分别是为位于大坝下游 1km 处左岸的 1 号、2 号渣场和位于石料厂东侧冲沟的 3 号渣场。

建管局营地和各施工营地均设置有垃圾桶用于收集生活垃圾，各生活营地均安排有专人负责生活垃圾的清扫并定期转运至垃圾中转站。夏季定期对垃圾收集桶进行消毒，防止传播疾病。

（五）陆地生态环境保护措施

施工期间，环境监理人员、自然保护区工作人员定期在施工现场对施工人员进行加强生态保护的宣传教育，说明国家法律对野生动植物保护的要求及意义，增强施工人员保护植被和野生动植物的重要性认识。同时，建管局组织各施工单位在各施工区及进场道路沿线设置有野生动植物保护警示牌，提醒各施工单位和进入现场人员注意保护野生动植物。

在大坝建设工程影响区域 500～1000m 范围内，植被类型在山坡为灌丛与灌草丛，主要物种为山皂荚，伴生种为黄荆、胡枝子等；在河滩和撂荒地为草丛，优势种为狗牙根、羊胡子草、曼陀罗、葎草、车前草、黄花蒿等，伴生物种为狗尾草、白蒿、铁苋草、乳浆大戟等，伴生物种比较丰富。在监测区域内，有国家三级重点保护植物、河南省重点保护植物——太行菊分布，生长状况良好，反映了其对特殊环境具有较强的适应性，部分位点的太行菊在水库蓄水后可能会被淹没。在监测区域内，未发现太行山猕猴、金钱豹、黑鹳等重点保护对象的活动，调查发现 14 种列入国家"三有动物"名录的种类，其中哺乳动物 4 种、鸟类 7 种、爬行动物 1 种、两栖动物 2 种。在监测区域内，陆生脊椎动物种类包括哺乳动物、鸟类、爬行类、两栖类的物种均较为匮乏，均为习见种类。

总之，在大坝工程建设期，工程影响区 500～1000m 范围内，除运输道路两侧、石料场附近的原生植被受到较大影响外，其余区域的植被类型、种类组成、陆生动物种类、太行山猕猴等重点保护对象均处于基本正常状态。

库区内的猕猴生态通道已建设完成，两座猕猴索桥分别位于淹没区狭窄处的东滩和圪料滩，猕猴索桥两岸桥墩之间架设钢丝绳连接并铺设木板，索桥两边有防护网，索桥入口及周边设置有"禁止人员通行、攀爬"警示牌和"保护野生动物、维护生态平衡"宣传牌。

猕猴等野生动物管护站已全部建成三座，建成的管护站为一大两小，大管护站位于 1 号路与 4 号路交叉口，两个小管护站分别位于已建成的猕猴索桥位置处；增设的两个猕猴投喂点已全部建成，安排有专门人员定期巡视并投放食物，建管局配置了巡护船用于保护区动物的定期跟踪监测和研究工作。

（六）鱼类保护措施

建管局根据环评及批复要求在业主营地东侧建设有鱼类增殖站，鱼类增殖站占地约 20 亩，蓄水前鱼类增殖站主要建设蓄水池、苗种培育池、增氧设施、道路、排灌系统等，站内绿化工作主要种植四季常青的树木和草皮等。在增殖站未建成之前，河口村水库工程用于鱼类增殖放流的鱼苗委托河南省水产良种繁育场提供，放流前的过渡培育仍在苗种培育池中进行。

2015 年期间进行三次增殖放流，4 月 9 日进行第一次增殖放流，放流鲤鱼鱼苗 120 万尾，规格为 4～6cm。10 月 15 日进行第二次增殖放流，放流鲫鱼鱼苗 22 万尾，规格为 4～6cm；12 月 7 日进行第三次增殖放流，共放流鲢鱼鱼苗 16 万尾，规格为 6～10cm。

2016 年期间进行一次增殖放流，11 月 2 日进行一次增殖放流，共放流鲤鱼苗 120 万尾，规格为 4～6cm；鲫鱼鱼苗 22 万尾，规格为 4～6cm；鲢鱼、鳙鱼鱼苗 16 万尾，规格为 6～10cm。

电站进水口设置拦鱼设施，可有效避免鱼类进入水轮机造成机械死亡。在 1 号泄洪洞进水塔电站取水口。采用 GS-2C 型大型网络隐形拦鱼机，属于电力拦鱼设备，其规格为 3.5m×34.5m，在水下安装有 23 根电极。目前拦鱼设施已安装完成并正常运行。

（七）人群健康保护措施

在生活区定期灭杀老鼠、蚊虫、苍蝇等有害动物。夏、秋季施工人员采用挂蚊帐、不露宿的措施减少蚊虫叮咬，防止疟疾的传播。施工期间各施工单位均安排有专人负责环境卫生清理工作，环境监测单位每季度对施工单位生活饮用水进行监测，从监测结果看，各单位生活饮用水均达标。

为预防施工区传染病的流行，建管局聘请卫生防疫部门的工作人员对进场作业人员进行了健康调查和疫情建档，健康的人员才能进入施工区作业。

四、工程环境监测

（一）环境保护监测的主要内容

依据《河南省河口村水库工程环境保护监测合同文件》技术要求的内容，环境保护监测内容主要包括水环境监测、环境空气监测、噪声监测、生态监测、人群健康监测等。其中水环境监测又包括施工区河流水质监测、污染源监测（生产废水、生活污水）、施工饮用水水质监测等内容。具体监测项目或监测指标、监测点位布设及监测时间频次如下。

1. 水质监测

（1）河流水质监测。

1）监测断面布设：为了解工程施工对沁河水质的影响，鉴于工程施工布置点位相对集中位于坝址上游 2km 至坝址下游五龙口断面 11km 河段范围内，在坝址上游 3km 处、坝址下游五龙口断面布设 2 处监测断面。河流水监测站点信息见表 4-8。

2）监测项目：水温、pH 值、溶解氧、高锰酸盐指数、五日生化需氧量、氨氮、总磷、铜、锌、氟化物、硒、砷、汞、镉、六价铬、铅、氰化物、挥发酚、石油类、阴离子表面活性剂、硫化物、大肠菌群等 22 项。

表 4-8　　　　　　　　　河流水监测站点信息表

序号	监 测 点 位	监 测 时 间 及 频 次
1	施工区坝址上游 3km	合同期间 4 月、8 月、12 月每月监测一次
2	施工区坝址下游五龙口	合同期间 4 月、8 月、12 月每月监测一次

3）监测方法：按《地表水环境质量标准》（GB 3838—2002）中规定的方法执行。

4）监测频次及时间：合同期间每年 4 月、8 月、12 月各监测一次，每次监测 3 日。

（2）生产废水监测。

1）监测断面布设：根据《环境监测技术规范》要求，计划在生产废水主要排放口设置监测点。结合施工组织设计资料及施工的工艺流程，确定工程主要生产废水监测对象为砂石骨料加工厂生产废水、混凝土拌和站生产废水、机械车辆检修生产废水。生产废水监测站点信息见表 4-9。

表 4-9　　　　　　　　　生产废水监测站点信息表

序号	监 测 点 位	监 测 时 间 及 频 次
1	1 号混凝土拌和系统	合同期间每季度一次
2	2 号混凝土拌和系统	合同期间每季度一次
3	砂石骨料生产地	合同期间每季度一次

2）监测项目：pH 值、悬浮物、石油类、流量等 4 项指标。

3）监测方法：按《污水综合排放标准》（GB 8978—1996）中规定的方法执行。

4）监测频次及时间：合同期间每季度监测 1 次，每次监测 1 天。

（3）生活污水监测。

1）监测点布设：根据《环境监测技术规范》要求，计划在生活污水主要排放口设置监测点。生活污水监测主要布置在1号、2号生活营地污水排放口及业主营地生活污水排放口。生产废水监测站点信息见表4-10。

表4-10　　　　　　　　　　　　生产废水监测站点信息表

序号	监 测 点 位	监 测 时 间 及 频 次
1	1号生活营地	合同期间每季度一次
2	2号生活营地	合同期间每季度一次
3	业主营地	合同期间每季度一次

2）监测项目：pH值、化学需氧量、五日生化需氧量、悬浮物、氨氮、总磷、总氮、粪大肠杆菌、污水流量等9项指标。

3）监测方法：按《污水综合排放标准》（GB 8978—1996）中规定的方法执行。

4）监测频次及时间：合同期间每季度监测1次，每次监测1天。

（4）施工人员生活饮用水监测。

1）监测点布设：根据工程施工营地布置及饮用水情况，在施工区布置3个点（1号、2号生活营地及业主营地）。移民集中安置区饮用水布置1个点（枣庙安置区、佃头安置区已合为1个安置区）。

生活饮用水监测站点信息见表4-11。

表4-11　　　　　　　　　　　　生活饮用水监测站点信息表

序号	监 测 点 位	监 测 时 间 及 频 次
1	1号生活营地	合同期间每季度一次
2	2号生活营地	合同期间每季度一次
3	业主营地	合同期间每季度一次
4	枣庙-佃头安置区	合同期间每季度一次

2）监测项目：pH值、浑浊度、色度、嗅和味、肉眼可见物、高锰酸盐指数、氨氮、细菌总数、总大肠菌群共计9项。

3）监测方法：按《生活饮用水标准检验方法》（GB/T 5750—2006）中规定的方法进行。

4）监测频次及时间：合同期间每季度监测1次，每次监测1天。

5）执行标准：《生活饮用水卫生标准》（GB 5479—2006）。

2. 环境空气质量监测

（1）监测点布设：为控制工程施工废气排放对环境敏感目标影响，选取工程量较大或附近村庄分布较多，以及设在保护区内的工程段作为代表进行布点，共设12个监测点，分别为河口村东部1个点；金滩村1个点；砂石料加工厂边界1个点，混凝土拌和站边界1个点、1号、2号、3号渣场边界分别1个点；大坝坝址1个点；松树滩土料场边界1个点；谢庄土料场边界1个点；1号、2号临时堆料场边界各1个点。大气监测站点信息见表4-12。

表 4－12　　　　　　　　　　　　　　大气监测站点信息表

序号	监测点位	监测时间及频次
1	河口村东	合同期间每季度一次
2	金滩村	合同期间每季度一次
3	砂石料加工厂	合同期间每季度一次
4	混凝土拌合站	合同期间每季度一次
5	1 号渣场	合同期间每季度一次
6	2 号渣场	合同期间每季度一次
7	3 号渣场	合同期间每季度一次
8	大坝坝址	合同期间每季度一次
9	松树滩土料场	合同期间每季度一次
10	谢庄土料场	合同期间每季度一次
11	1 号临时堆料场	合同期间每季度一次
12	2 号临时堆料场	合同期间每季度一次

（2）监测项目：SO_2、TSP、NO_2、PM_{10}，同时测量主要气象要素，如气温、风速、风向、湿度等。

（3）监测方法：采样频率和分析方法按《环境空气质量标准》（GB 3095—2012）中规定执行。

（4）监测频次及时间：合同期间每季度监测 1 次，每次监测 5 天。

（5）执行标准：《环境空气质量标准》（GB 3095—2012）中的 1、2 类标准（保护区内为 1 类，其他为 2 类）。

3．声环境监测

（1）监测点布设：为控制工程施工对环境敏感点声环境的影响，在施工区设置 12 个监测点位，其点位布设和监测时间与大气监测点位一致，见表 4－12。

（2）监测项目：环境噪声等效声级。

（3）监测方法：参照《声环境质量标准》（GB 3096—2008）规定执行。

（4）监测频次及时间：与大气监测同步，每次监测 2 天。

（5）执行标准：保护区内工程段执行《声环境质量标准》（GB 3096—2008）中的 0 类标准，其他工程段执行 1 类噪声标准。

4．生态监测

（1）水生生态调查。

1）监测河段范围：水库库尾至入黄口，长度大约 100km。

2）监测断面：设置 6 个监测断面，其中水库设置 3 个断面（库尾断面、库中断面、坝前断面），河道设置 3 个断面（五龙口断面、沁阳断面、入黄口断面）。

3）监测频次及时间：合同期间，每季度监测一次。

4）监测内容：水生藻类、水生维管束植物、鱼类等水生生物种类、数量、分布等，对于鱼类调查还包括渔获量的记录。

（2）陆生生态调查。

1）监测范围：对施工影响区域野生动植物进行监测。

2）监测频次及时间：合同期间，每半年监测一次。

3）监测内容：对于保护区植被设置固定监测样地（方），监测内容包括植物物种、存活率、密度和覆盖度、生物量等指标，重点对珍稀保护植物种类、数量、生物量等指标进行监测。同时对名木古树移植效果进行监测。保护区野生动物主要对其种类、密度等指标进行定点监测，重点监测施工区域及其周边 500m 范围内的动物分布情况。

5. 人群健康监测

（1）监测内容：对施工区疫情变化进行监控，根据工程影响区具体情况，在卫生防疫站的配合下，重点对自然疫源性疾病如流行性出血热，虫媒传染病如疟疾、流行性乙型脑炎和介水传染病如痢疾、肝炎等进行监控。在传染病流行季节对易感人群进行抽检和预防接种。

（2）监测对象：施工人员，人数一般为施工人员的 20%。

（3）监测时间：施工期内 1 次。

（二）环境监测结果汇总分析

1. 水质监测

（1）河流水水质监测。

河口村水库坝上 2km 及坝下 11km 的五龙口断面从 2013 年 3 月至 2014 年 12 月期间水质评价结果均无超地表水Ⅲ类水质项目，河口村水库施工范围内沁河水质较好，说明施工对河流水质影响较小。

（2）生活饮用水监测。

工程施工期间，移民安置点、建管局、施工营地生活饮用水的各项监测因子均符合《生活饮用水卫生标准》（GB 5749—2006）。

2. 环境空气质量监测

工程施工期间，各监测点位环境空气中 SO_2、NO_2 均满足《环境空气质量标准》（GB 3095—96）中的 1、2 类标准（保护区内为 1 类，其他为 2 类）要求；部分测点 TSP、PM_{10} 超标，超标原因主要为施工作业面较大，周围裸露地表面积较大，及气候原因影响等。

3. 噪声监测

工程施工期间，各监测点位均满足《声环境质量标准》（GB 3096—2008）的要求（保护区内工程段执行 0 类标准，其他工程段执行 1 类噪声标准）。

4. 生态监测

从水生生态监测结果分析，五龙口断面上游污染少，水质好，鱼类数量比较多，说明工程施工对沁河水质的影响不大。五龙口断面以下，由于人类的活动导致污染比较严重，到沁阳的河流已是超富营养状态，水体藻类数量急剧增加，所以鱼种类减少，到武陟入黄口的河流由于污染太严重，已无鱼生存。

从陆生生态监测结果可知，施工作业范围内的植被遭到小范围的破坏，对库区范围内淹没线以下的林木进行了砍伐，自然保护区内猕猴等保护对象数量较工程开工前没有大的变化。

5. 人群健康监测

由人群健康监测结果可知，施工人员自我防护意识较强，37.78%曾接受过乙肝疫苗注射进行自身防护，没有检测到疟疾等传染病的携带者或阳性者。对发现的具有传染性的乙肝病毒携带者和感染者及时采取了隔离饮食措施，避免交叉感染。在开展人群健康监测的同时，河南省疾病预防控制中心对工程现场施工人员进行了健康知识宣传培训。

五、蓄水阶段监理工作要求

（1）协助业主编制水库清理环保方案，按照方案进行水库环保清理；编制初期蓄水和水库运行环保调度方案。

（2）协助业主向地方政府提请进行水源保护区划定及编制水源保护规划。

（3）通知或者协助业主及时编制水污染风险应急预案，完成后向当地环保部门进行备案。

（4）通知或者协助业主按照要求开展自然保护区生态补偿设施和措施建设。环评报告要求建设猕猴生态通道、管护站、喂养点等，以便解决水库修建后对猕猴活动范围的阻隔。

（5）协助业主按照环评报告书的要求开展鱼类增殖放流站建设。

（6）开展枢纽施工阶段环保措施和移民安置环保措施等的建设和监理。

六、蓄水阶段环境监理工作完成情况

（1）和济源市移民局进行沟通和协商，及时编制水库清理环保方案，按照方案进行水库环保清理；在库区清理过程中，发现库区内原东滩电解铅厂厂区土壤受到重金属污染，要求业主对污染土壤进行了环保清理，并通过当地市环保局组织的验收。

（2）要求建管局以环评初期蓄水方案为基础，组织设计单位完成了《初期蓄水和水库运行环保调度方案》的编制。

（3）协助业主向地方政府提请进行水源保护区划定及编制水源保护规划。济源市政府组织完成了此项工作。

（4）协助建管局及时编制水污染风险应急预案，完成后向当地环保部门进行备案。

（5）协助业主按照要求开展自然保护区生态补偿设施和措施建设。涉及自然保护区内的全部生态补偿措施均委托济源市林业局实施，建设了猕猴通道、喂养点、管护站等设施；水库工程建设管理区的生态补偿措施由建管局负责实施，对水库淹没区涉及的3棵古槐树，按照相关协议要求移栽到建管局营地，由建管局负责后期养护管理。

（6）协助业主按照环评文件要求，开展鱼类增殖放流站建设，同时进行了增殖放流。

（7）督促业主开展生态流量在线监测系统建设。河口村水库初期蓄水验收阶段，水库水情自动测报系统建设没有完成，影响了生态流量在线监测系统建设。监理单位要求建管局与引沁河口电站建立联合调度运行机制，由其保证在水库初期蓄水至低水头电站开始发电期间，增加发电尾水泄放量，尽量满足下游生态用水需求。

七、建成期监理工作要求

2016 年 2 月，环境保护部通过了工程蓄水阶段竣工环境保护验收。

根据验收意见，工程蓄水后应做好以下工作：

（1）加快完成蓄水前库底清理工作，蓄水前严格按相关技术要求完成库底清理扫尾工作，确保库区水质不受污染。

（2）完善联合调度运行机制，确保满足生态下泄流量要求。落实五龙口断面流量信息反馈机制，加快河口村水库水情测报系统建设。

（3）进一步完善配套的水库工程施工区、生活区、移民安置区污水处理、垃圾处理设施。落实噪声和大气污染防治措施，加强日常管理工作。

（4）继续开展增殖放流工作，确保增殖放流效果。

（5）强化应急工作，对库区及周边环境风险点进行排查，完善应急预案编制、演练工作，杜绝环境事故的发生。

八、验收意见的处理

根据河口村蓄水阶段验收批复的要求，环境监理在竣工环境保护验收中协助业主解决了以下的工作内容：

（1）库区淹没线以上影响范围内小型工业企业共 3 处，均属高耗能或高污染、三证不全或无三证经营的小型工业企业。监理单位及时要求业主和济源市移民安置局一起，完成了三小企业的拆除工作。

（2）2016 年，河口村水库蓄水期间，为保障生态流量下泄满足环评和蓄水阶段验收批复的共同要求，继续要求建管局与济源市水文水资源勘测局续签了生态流量监测服务协议，服务期限为 2016 年全年。与此同时，督促业主加快水库水情自动测报系统建设。作为水情自动测报系统的一部分，生态流量在线监测系统位于水库坝下 2km 处的河道上，在验收前已正式运行，保证了生态下泄流量的监控，满足环评批复和蓄水阶段验收批复的要求。

（3）配套污染防治及处理设施落实情况。根据批复意见，建管局按照环境监理单位的要求进行了整改，完成了配套的污水处理设施建设，同时对已经运行的配套一体化污水处理设施定期进行出水水质监测。

（4）增殖放流工作落实情况。协助建管局根据批复意见，对已建的增殖放流站补建选育产卵和孵化车间，使其功能完善，具备独立开展捕捞、选育、孵化、培育、放流工作的能力。

（5）建立鱼类栖息地保护区。根据蓄水阶段竣工环保验收要求，建设单位须在库区上下游设立鱼类栖息地保护区。建管局按照环境监理单位的要求进行了整改，并商请相关主管部门开展此项工作，最终完成了鱼类栖息地保护区的设立。

案例四　长江镇扬河段三期整治工程环境保护监理

长江镇扬河段三期整治工程为《长江流域综合规划（2012—2030年）》中长江中下游干流河道治理的重要内容，是172项节水供水重大水利工程之一——"长江中下游河势控制和河道整治工程"的子项。随着全国各省（自治区、直辖市）生态保护红线区域保护规划的实施，环境保护监理工作也迎来了新的挑战。

一、工程概况

长江镇扬河段位于长江下游江苏省境内，上起三江口，下迄五峰山，全长约73.3km，左岸是扬州市，右岸是镇江市。

工程治理目标为在一期、二期整治工程基础上，继续保持仪征水道稳定，通过世业洲左汊口门护底和潜坝工程抑制世业洲左汊的发展，进一步稳定六圩弯道，加固险工段，使镇扬河段河势进一步趋于稳定和改善。工程规模为：护岸总长40.889km，世业洲左汊进口段左侧护滩工程16.79万 m^2，世业洲左汊口门处护底21.646万 m^2，世业洲头左缘深槽护底13.88万 m^2；世业洲左汊下段新建潜坝工程一座，坝顶高程为－10m，坝长为959m。

二、环境保护监理工作开展

在工程施工准备阶段，按照初设报告、环评报告及批复文件要求，项目法人通过招投标的方式先后确定了施工期环境保护监理单位和环境监测单位。

根据合同及工程环保工作要求，环境保护监理单位编制了《长江镇扬河段三期整治工程环境保护监理方案》，组建了长江镇扬河段三期整治工程环境保护监理项目部，委派了环境总监理工程师、技术负责人、环境监理工程师和监理员等各级监理人员7名。从2017年5月进场至2020年7月，在整个施工过程中，环境保护监理人员根据《长江镇扬河段三期整治工程环境保护监理方案》与各项环境保护专项方案，重点检查环保技术服务单位是否按要求落实环保措施，发现质量问题时，及时要求环保技术服务单位与施工单位采取有效措施整改落实，同时向承包商下发监理通知单，并及时报知业主。

至2020年7月，环境监理单位按照合同要求及时递交环境监理月报、季报、年报，并最终完成环境保护监理总结报告的编制。

（一）核查

环境监理人员进场后，依照环评及批复文件，及时对主体工程设计文件、配套环保工程设施设计文件和涉及自然保护区施工范围进行了复核和审查。对施工组织设计、施工工艺等涉及环境保护的内容进行了核查，经核查有关设计文件，项目规模、平面布置、施工工艺均符合环评及批复要求。

对环保技术服务单位报送的专项实施方案进行审查，重点审查专项实施方案等环境保护工作实施内容与环境影响报告书及批复文件要求是否保持一致，对存在不一致的情况，及时要求环保技术服务单位进行修改。对监测单位报送的监测方案进行审查，重点审查监测时间和频次、监测点位、监测内容、监测方法与环境影响报告书及批复文件要求是否保持一致，对存在不一致的情况，及时要求监测单位进行修改。

重点核查施工现场对水厂取水口的保护措施以及对船舶废水、生活营地污水的处理措施是否落实；核查环境监测、生态监测是否按计划正常开展；核查对国家保护动植物、自然保护区、重要湿地、风景名胜区生态影响的消减、恢复、补偿、管理措施落实情况；核查现场洒水降尘、场地清扫等扬尘控制措施是否按要求落实；核查生活垃圾处置、开挖土方处置、施工场地绿化恢复等措施的落实情况。

（二）巡视

整个施工过程中，环境监理工作人员定期巡查工程现场，由项目负责人组织，巡视检查的主要工作内容是掌握工程的实际建设情况和进度，根据建设情况和进度对项目的批建符合性、环保"三同时"、施工环保达标、生态保护措施落实等方面现场查找问题，提出相关意见和建议，并做好现场记录。

（三）跟踪检查

在环境保护监理巡视检查过程中发现的一般环保问题，现场要求责任施工单位进行整改，并对其后期效果进行跟踪检查，直至问题得以妥善解决；针对较为严重的环保问题，环境保护监理除通过现场要求外，再以整改通知单形式要求施工单位进行整改，并对相应问题的整改落实情况进行跟踪检查，直至问题得以妥善解决。

（四）定期召开例会

环境保护监理进场后，组织各参加单位召开环境保护监理首次进场会议，同施工单位进行环保交底。施工过程中，根据工程实际需要组织各参加单位召开环境保护监理会议，遇重大环保问题时，由项目负责人组织相关单位召开针对性的专题会议，协调解决发生的环境污染或者其他工程相关的环保问题，会议结束后整理会议纪要，印发各参会单位。2018年3月29日，环境保护监理项目部总监参加了镇江市环境保护局现场观摩会，根据现场检查情况与会议要求，印发了《长江镇扬河段三期整治工程镇江市境内工程2017年施工标段环境保护工作观摩会会议纪要》（镇扬三期环监纪要〔2018〕01号）。自环境保护监理进场以来，环境保护监理技术人员共参加了78次工程会议。

（五）下发环境监理通知单、工作建议

在工程整个监理过程中，自进场至工程最终验收，及时向施工单位下发环境保护监理整改通知单、环境保护监理工作联系单，向业主单位提交工作建议。针对巡视中发现的环境问题提出相关建议和整改要求，并在后续监理过程中予以落实。业主单位和施工单位均能够根据通知要求进行整改，有效地推动了监理工作的开展。

（六）宣传培训

根据现场管理工作需要，不定期组织各参建单位，进行环境保护法律法规、项目环境保护要求等方面的培训工作。同时，环境保护监理将结合管理工作需要，每年在施工区开展方式多样、途径灵活的宣传工作，包括结合工作会议进行宣传、开展世界环境日主题宣传活动、编制发放宣传手册、授课、讲座等。

（七）定期报告

环境监理人员进场后，按时编写月报、年报并报送当地环境保护行政主管部门和业主，将当月工程进展情况、环境保护措施落实情况以及下月工作计划和工作建议反映给有关部门。至工程竣工验收前，环境监理单位根据合同要求，完成了环境监理月报、季报、年报的编制，并最终提交了施工期环境监理总报告。

三、环评批复要求

2015年12月8日，国家环境保护部以《关于长江镇扬河段三期整治工程环境影响报告书的批复》（环审〔2015〕251号）文件对《长江镇扬河段三期整治工程环境影响报告书》进行了批复。批复意见如下：

（1）项目建设与运行管理应重点做好以下工作：

1）严格落实水环境保护措施。施工期各类污水、船舶垃圾经收集后妥善处置，不得直接向长江排放。合理安排水下施工时间，避开取水时间；邻近取水口施工时，在取水口周边布设围油栏；加强取水口水质监测，必要时协调相关单位，采取加大处理力度、启用备用水源供水等措施，确保供水安全。

2）严格落实水生生态保护措施。合理安排施工时间，将水下抛石作业安排在9月至次年2月，水下沉排和潜坝施工集中在3月，尽量避开鱼类繁殖期和中华鲟洄游期。优化施工方式，避免全横断面施工，相邻河段错时施工，给江豚等水生生物留出生存空间。优化世业洲左汊潜坝坡度设计，减缓对中华鲟等水生生物过坝的不利影响。水下施工前采取超声波驱鱼、驱豚等措施，协调相关部门加强施工期渔政管理，对受伤水生动物进行救助。对受影响的重要湿地、水生生物等采取湿地植被修复、人工增殖放流等补偿措施。开展水生生物监测，就潜坝对水生生物的影响进行跟踪评估，根据评估结果采取必要的有效措施。

3）严格落实陆生生态保护措施。通过设立宣传栏、开展培训等方式，提高施工人员生态保护意识，禁止捕杀保护动物或破坏其重要生境。对野大豆采取避让、移栽、异地恢复群落等保护措施。在堤防迎水侧营造防浪林带，对受到施工破坏的动物生境和施工迹地，采取植树、植草、恢复湿生植被等措施进行生态补偿。开展施工期和运营期生态影响监测。

4）落实环境风险防范措施。协调相关部门，加强施工涉及航道和船舶管理，避免发生碰撞等引发环境污染。制订突发环境事件应急预案，并与地方政府、海事部门和相关取水单位的应急预案做好衔接，开展应急演练。落实船舶溢油等环境风险防范措施，配备必要的应急物资和设备，加大风险监测和监控力度，一旦出现事故，必须及时采取有效措施，妥善处置。

5）严格落实其他环境保护措施。加强施工期环境管理，采取禁止夜间施工、设置临时隔声屏障等措施，减缓噪声的不利影响。采取洒水降尘、密封运输等措施，防治施工及运输扬尘污染。生活垃圾集中收集后委托当地环卫部门清运。

6）在项目初步设计环境保护篇章中进一步细化生态保护和环境污染防治的各项措施

及投资。

（2）工程建设必须严格执行环境保护设施与主体工程同时设计、同时施工、同时投产使用的环境保护"三同时"制度，落实各项环境保护措施。工程建成后，须按规定程序申请竣工环境保护验收。

（3）环境影响报告书经批准后，项目性质、规模、地点或者防止生态破坏、防治环境污染措施发生重大变动的，应当重新报批项目环境影响报告书。自项目环境影响报告书批复文件批准之日起，超过五年方决定工程开工建设的，环境影响报告书应当报环境保护部重新审核。

四、环境保护设施措施

（一）水环境保护措施

1. 对取水口的保护措施

由于取水口附近多为抛石护岸工程，施工船舶舱底油污水用容器收集后交由镇江风华废弃物处置有限公司接收处理，不外排；紧邻取水口范围施工时，应在取水口周围设防污帘，保证取水口水质；同时自来水厂加强水质监测，加大水处理力度；加强与各水厂的协商，合理安排水下施工作业时间；紧急情况下启用备用水源供水。

（1）协调施工和取水时间。根据调研，镇江市世业供水公司日取水时间约为 4h，在该取水口周边的水下施工具备与取水时间错开的可行性。建设单位在施工前要加强与该水厂的协商。由于本项目夜间不施工，水厂可在夜间取水，将储水池蓄满，白天施工前停止取水，可有效避免水下施工产生的悬浮物对取水水质可能产生的影响。

（2）取水口周围设防污屏和围油栏。由于扬州四水厂取水口和镇江自来水公司取水口全天 24h 均要取水，不具备与本项目水下施工交错运行的可行性。因此，在这两处取水口周边开展水下施工时，可采取对取水口布设防污屏进行围护的措施，以控制施工悬浮物的污染范围。

防污屏是一种防止悬浮物污染扩散的装置，其作用是阻滤水中漂浮物、悬浮物，控制其扩散、沉降范围，能有效地将施工水域同外界隔离开来，从而防止混浊水的扩散，使防污屏以外（内）的水域得到保护。工程实践表明，防污屏能有效防止水下施工悬浮物的扩散。

为了减缓施工船舶事故溢油对取水口水质的负面影响，在取水口上游 3km 至下游 1km 范围内施工时，在取水口周边布设围油栏，降低施工船舶溢油事故产生的风险影响。

（3）加强施工管理和水质监测。加强施工期管理，在工程作业区域内除施工时必须进入的船只外，其余等候船舶不宜进入该区域，以免干扰施工和损坏已建工程。满载石料的船只宜先停泊在等候区域，挂挡就位时方可进入工程作业区域，在遇恶劣天气或其他原因暂停施工时，所有运输船只应进入安全区抛锚停泊，减少发生取水口污染事故的概率。

加强施工期取水口水质监测，密切监视施工过程中取水口水质变化。取水口周边施工期间每小时采样监测 1 次，监测因子为 pH 值、悬浮物和石油类，水厂视情况增加水质净化投药量及沉淀时间。

（4）紧急情况下启用备用水源。在采取上述措施后，水质仍无法满足要求的紧急情况下，可启用备用水源或应急水源供水。按照各水厂取水口所在工程段抛石量估算，其二级保护区范围内的施工时间约为 10 天。由于扬州地区各净水厂供水管网已实现联网，因此紧急情况下可关闭瓜洲水源地取水口，启用第一水厂和头桥水厂的剩余供水能力，以满足扬州地区的用水需求。

2. 其他水环境保护措施

（1）生产废水。本项目块石拟在镇江、扬州境内的句容下蜀、高资、谏壁、仪征以及安徽省沿江港口等地采购。根据镇江市多年的施工经验，石料运输由施工单位组织个体运输船承运，因此施工现场无需进行块石加工，无加工废水产生。本工程所用的混凝土板块可在附近生产厂家预制购买，采用水运的运输方式运至工程区，无需在施工现场预置混凝土块。因此本项目不产生混凝土养护废水。

（2）船舶废水。施工船舶废水主要包括船舶含油废水和船舶生活污水。施工船舶生活污水应遵守交通部令 2005 年第 11 号《中华人民共和国防治船舶污染内河水域环境管理规定》和《江苏省内河水域船舶污染防治条例》的规定，禁止排放施工船舶舱底油废水。本项目油废水送镇江风华废弃物处置有限公司集中处理。

施工船舶生活污水不得排放进入长江，经密封收集装置收集后，定期送上岸用作农肥。施工船舶应配备垃圾桶收集生活垃圾，收集后送岸上交环卫部门处理，严禁将船舶垃圾投入江中。

（3）陆地人员生活污水。少量陆地人员会在低潮位时上岸平整石块，可利用工程附近水管单位作为施工营地，无需另建，生活污水主要通过水管单位中既有管网排入污水处理厂，或者进入化粪池进行简单处理后用作农肥，不排入长江。同时，需加强对施工人员的环境保护宣传教育，增强其环保意识。

（4）船舶运输施工材料过程中应采取遮盖措施，加强管理，避免施工材料坠入江中，造成水环境污染。

（5）按照航运部门的有关规定，办理水上作业公告，施工船舶悬挂信号标志，保证航运船舶安全及施工船舶作业安全，避免碰撞等交通安全事故发生。

（二）生态环境保护措施

1. 对植物资源的保护措施

（1）生态影响的避免和消减措施。在工程建设中应加强对重点保护野生植物野大豆的保护，采取避让、就地保护、异地补偿等保护措施，将工程对重点保护野生植物的影响控制到最小。

根据 2014 年现场调查结果，评价区内有 5 处野大豆位于工程抛石影响范围内，施工过程中抛石可能伤及野大豆，应对其进行移栽，或采集成熟野大豆种子在相似生境地撒播，弥补因工程带来的损失。

此外，在施工过程中如发现其他重点保护野生植物，应立即上报林业等相关部门，采取就地或迁地保护措施。在移栽时应保证生境类型相似，对土壤性质、光照及水分条件的要求较为一致，要以移栽地的自然条件为依据，尽可能把保护植物迁移至与他们原生境相似的生态环境条件中保存。同时为保证移栽植物能够长期地保存，移栽地要尽可能靠近管理机构，有利于加强管理，避免重点保护野生植物资源损失。

（2）生态影响的恢复和补偿措施。在堤防迎水侧营造防浪林带，在防浪林台上种植一些耐水冲的柳属树种，远处植低柳，近处植高柳，形成阶梯状的高低柳混合林带。为防止人为或牲畜对堤防的破坏，将堤背坡坡脚线开始向外延伸约 30m 范围作为护堤地，在护堤地上种护堤林，如意杨，堤坡上种植草皮，宜选用固土能力强、成活率较高的草种，如狗牙根。

（3）生态影响的管理措施。政府职能部门和项目业主要高度重视，并落实监督机制，保证各项生态措施的实施。工程建设施工前期和后期都应进行生态影响的监测或调查。在施工期，主要对建设施工有关的区域进行监测，如湿生植被的变化、数量变化以及生态系统整体性变化。通过监测，加强对生态的管理，工程管理机构应设生态环境管理人员，建立各种管理及报告制度，开展对评价区的环境教育，提高施工人员和管理人员的环境意识。通过动态监测和完善管理，使生态向良性或有利方向发展。

2. 对陆生动物的保护措施

（1）生态影响的避免和消减措施。

1）请专业人员对施工人员进行野生动物保护法律及常识教育，增加施工人员环保意识；加强施工期管理，严禁捕猎和人为惊扰保护区内各种动物。

2）水下抛石施工应尽量分段施工，尽量减轻施工噪声和悬浮物，降低施工噪声对陆生动物的驱赶影响。

（2）生态影响的恢复和补偿措施。

1）工程完工后尽快做好生态环境的恢复工作，尤其是岸边滩涂，以尽量减少生境破坏对动物的不利影响。工程完成后，将破坏生境合理绿化，种植本地适生植被。由于野生动物适应人工建筑至少需要一定的时间，因此，在施工时应注意保护施工区的湿生植被，施工后在江岸边适当种植当地的湿生植被并减少人为活动的痕迹，促使杂草、灌木尽早恢复，形成与原来一致的自然景观。

2）水禽的生存环境主要是隐蔽物、水和食物，而防护林可作为白鹭、池鹭等湿地鸟类隐蔽和栖息的场所，芦苇等挺水植物构成的小生境是湿地鸟类主要的栖息、营巢和觅食场所，因此，施工结束后可在各新建护坡外扩区域种植适量的杉木、柏木等供白鹭栖息。

（3）生态影响的管理措施。工程建设施工期、营运期都应进行生态影响的监测或调查，包括陆生生态监测和水生生态监测。在施工期，主要对靠近江苏镇江豚类省级保护区的施工有关区域进行监测。营运期主要监测生境的变化、动植物的变化等。陆生监测分施工期和运营期两个时期，施工期分季节或习性时期每年进行监测 2～3 次；水生生物监测包括水生态、鱼类资源及早期资源和豚类监测，鱼类资源及水生生物监测时间为 5 年，每年 4 月、9 月各监测一次；营运期选择工程营运后 5 年、10 年各调查一次。其中植被群落监测应选取一定面积的典型样地，陆生动物监测根据陆生生物组成设置固定样线 2～3 条，根据各样线群落面积确定设置的样地数量，统计兽类、鸟类、两栖类、爬行类的物种出现率。还可通过民间访问和市场调查来了解野生动物的情况。同时，重点监测国家级和省级重点保护动物的数量、分布和变化情况。同时结合 3S 技术和野外调查进行监测。水生生态监测特别是豚类活动监测和洄游监测需根据有关部门的监测结果和保护方案配置监测人员，包括沿岸专业渔民、保护区管理处专业人员等，对监测区域和断面进行常年监测与临时重点监测，采取定点监测与流动监测相结合的方式进行。

工程管理机构应设生态环境管理人员，建立各种管理制度，开展对工程影响区的环境教育，提高施工人员和管理人员的环境意识。

（4）对国家重点保护动物的保护措施。评价区内国家二级重点保护野生动物 5 种，分布在农田、河流、林地等各种生境中。施工过程中，应加强人员管理，在重要区域设立宣传栏，禁止施工人员随意出入非施工区域，禁止一切与施工无关的活动，尤其要禁止对野生动物的捕杀，防止对保护动物造成不必要的扰动和伤害。

3. 对水生生物的保护措施

（1）生态影响避免措施。

1）优化施工时间。本工程水下抛石计划安排在非主汛期施工，工程施工活动与鱼类繁殖期和中华鲟的洄游期时间有部分重叠，工程施工将对鱼类的繁殖活动产生不利影响。其中水下沉排、潜坝施工可能对中华鲟产后降海洄游产生影响，因此建议把水下沉排、潜坝施工集中在 9—11 月进行，避开中华鲟产后降海洄游的时间。

抛石护岸可能会对产粘沉卵鱼类产卵产生影响，因此建议避开鱼类的主要繁殖时间，3—5 月可集中在 9 月至次年 2 月进行抛石护岸施工。

2）临近河段分期施工。控制施工船舶数量，尽可能给江豚留出活动通道和空间，枯水季节尤其要注意控制施工船只的密度和数量。一般而言，两施工船舶之间距离不小于200m。在世业洲北汊道洲头沉排施工、洲尾潜坝施工时，避免整个横断面同时施工，尽可能给江豚留出活动通道和空间。

工程应合理安排各河段施工组织，上下游相邻河段施工须错开施工期，避免各河段、各施工作业点同时施工带来的累积影响。

协调与本江段其他工程的关系，工程施工水域建议尽量间隔 5～6 年后再进行其他工程建设，给豚类和珍稀濒危鱼类留出时间使其适应工程带来的环境变化。

（2）生态影响消减措施。

1）施工前驱赶施工区域水生生物。施工前，建设单位可在长江江豚出现几率较高的大运河口—沙头河口段、沙头河口—农场段、引航道口向下段和对底质影响较大的世业洲左汊护底段、潜坝施工江段采用"海豚声音记录仪"对江豚进行监测。海豚声音记录仪在施工江段布设 1 台，施工江段上下游 1km 各布设 1 台，共计 3 台。建设单位可购置或租用该设备，在施工期对施工江段的江豚进行监测，以了解施工江段江豚活动规律，并避开江豚活动的时段进行施工。

为减少工程施工作业对鱼类和豚类的伤害，施工前必须征得镇江市、扬州市水产部门的同意，并聘请有关专家或当地有经验的渔民作现场指导；为减少工程施工作业对鱼类的伤害，工程开工前，应采用超声波驱鱼驱豚等技术手段，对施工区及其邻近水域和鱼类、豚类分布较密集的深潭、回水区进行驱赶水生生物作业，将鱼类和豚类驱离施工区。同时选择低噪声机械降低施工噪声，减轻施工噪声对评价区水生生物的影响。

2）加强渔政管理，强化鱼类资源繁殖保护。为了加强工程施工江段以及邻近江段的渔业资源管理和鱼类资源繁殖的保护，应采取以下措施：

a. 确定繁殖保护对象。分布于工程施工河段的所有经济鱼类及其他水生动物。

b. 对施工影响区域水产养殖和捕捞活动进行补偿。依据《国家环保总局关于开展生态补偿试点工作的指导意见》（环发〔2007〕130号），建设单位应对工程建设造成的渔业水产损失进行生态补偿，包括渔业资源损失费用、地方渔民经济补偿费用、渔政管理费用等，开展渔业资源恢复工作，每年定期开展增殖放流，缓解工程建设对渔业水产的影响。

c. 建立检查和监督制度。建立健全检查和检测制度，是各项鱼类保护措施得以顺利实行的保证，主要由渔政管理部门的渔政人员来完成。检查制度的执行由渔政部门与工商行政管理部门以及公安部门相互配合。渔政部门在管辖水域内有权干预正在作业的渔船，检查渔船、渔获量、渔具和捕捞许可证等，规范渔捞行为，监督渔业法规的执行。

d. 加强资源环境保护意识宣传。施工期间，以公告、宣传单、板报和会议等形式，对施工人员加强环境保护宣传教育和保护野生动物常识的宣传，提高施工人员的环境保护意识，使其在施工中能自觉保护生态环境及珍稀水生物种，并遵守相关的生态保护规定；严禁在施工江段进行捕鱼或从事其他有碍生态环境保护的活动，一旦发现水生生物种类，应及时进行保护。

渔政管理主要进行监督、监控、管理及宣传工作，预算经费与施工期间施工江段适时监控及临时救护措施一并考虑。

3）保护水生动物的替代生境。工程施工一定程度上会占用鱼类、豚类等水生生物的栖息地，使其暂时逃离出施工区，寻找替代生境。世业洲右汉道基本无施工活动，江苏镇江豚类省级自然保护区内的和畅洲附近水域距施工区较远，可以暂时作为评价区珍稀濒危鱼类、豚类的替代生境。

本工程选择以上两块水域作为施工期内豚类、鱼类的替代生境加以保护，施工期内尽量把该水域内船行速度控制在时速5km以下，两船间隔控制在1km左右，并加强渔政管理。

（3）生态影响恢复和补偿措施。

1）开展湿地植被修复。湿地植被是湿地生态系统的基本组分，是湿地结构功能的核心。对湿地植被进行恢复，对保护湿地生态系统具有重要意义。本报告根据评价区生态环境现状及其影响情况，从湿地植物种类、恢复方法中选取合适的湿地恢复方案，对恢复区进行恢复实验研究。

根据原有工程段植被分布情况，共选取5个工程段进行植被恢复，湿地植物的恢复方法分为播种、人工移栽、加强抚育三种。由于评价区植物及植被的分布具有差异性，因此对不同的恢复区实行不同的恢复方案。整体配置格局遵循陆生植物—湿生植物—沼生植物—挺水植物—浮水植物—沉水植物（由河岸带至水域）的规律。

2）人工增殖放流。评价区内鳊、铜鱼、长吻鮠被列入江苏省重点保护野生水生动物。

还有白鱀豚、白鲟、中华鲟、长江江豚、胭脂鱼等国家级重点保护野生动物，其中白鱀豚、白鲟、中华鲟是国家一级保护野生水生动物，长江江豚、胭脂鱼是国家二级保护野生水生动物。建议对已有成熟人工繁育技术的国家二级保护野生水生动物胭脂鱼，重要经济鱼类长吻鮠、胭脂鱼、鳊、黄颡鱼、鳜、草鱼、鲢、鳙、青鱼实施人工增殖放流，此后根据监测情况作适当调整。

增殖放流工作应根据《中国水生生物资源养护行动纲要》《水生生物增殖放流管理规定》执行。放流种苗供应单位应选择信誉良好、管理规范、具备相应技术力量的国家级或省级水产原良种场和良种繁育场、渔业资源增殖站、野生水生生物驯养繁殖基地或救护中心以及其他具有相关资质的种苗生产单位，必要时可通过招标形式确定。放流的幼鱼必须是由野生亲本人工繁殖的子一代。放流种类必须是无伤残或病害、体格健壮，符合渔业行政主管部门制定的放流苗种种质技术规范。放流前，种苗供应单位应提供放流种苗种质鉴定和疫病检验检疫报告，以保证用于增殖放流种苗的质量，避免对增殖放流水域生态造成不良影响。鱼类放流活动应与当地水利水产管理机构协调，并在该机构的监督与指导下进行。

放流规模为 52.4 万尾（包括保护区放流规模），以降低本工程对长江流域干流、支流鱼类资源尤其是对国家及地方保护鱼类的影响。放流地点建议在扬州市十五圩、世业洲洲尾右缘和江苏镇江长江豚类省级自然保护区内进行。首次放流时间为工程运营期的第一年6 月，放流任务在 3 年内完成。

3）水生生物监测。

a. 水生态监测内容包括：水文、水动力学特征，水体理化性质（主要为 N、P 各种形式组分动态及浓度场分布）；浮游植物、浮游动物、底栖动物、水生维管植物的种类、分布密度、生物量与水温及流态等的变化关系。

b. 鱼类资源监测内容包括：鱼类的种类组成、种群结构、资源量的时空分布及累积变化效应。监测河段为保护区干流整个江段。

c. 鱼类早期资源监测内容包括：早期资源种类组成与比例、时空分布、早期资源量、水文要素（温度、流速、水位）、产卵规模、成色等参数，以及湿地植被修复效果。

监测断面和区域：在大年、世业洲洲头、十五圩、复兴村、扬子江公园东门设置 5 个监测点。鱼类资源及水生生物监测时间为 3 年，每年 4 月、9 月各监测一次。

d. 豚类监测内容包括：豚类活动监测、洄游监测。

管理单位应根据有关部门提供的监测结果和提出的保护方案，在镇江豚类保护区监督下，实施相应的保护措施。

监测断面和区域：根据长江江豚生物学、生态学特征和镇江段地理、地貌、水文及人类活动情况，将评价区划为 7 个小段，即世业洲上游、世业洲左汊道、世业洲右汊道、世业洲至征润洲、征润洲北侧水域、和畅洲洲头、和畅洲洲尾。

每小段设 1 个监测站负责该段豚类观察，还有 1 个站点设在中国渔政监督管理船上，作为唯一的流动监测站，该船同时负责全江段豚类监测，其主要监测区是施工区域上下游5km 江段。负责监测的人员包括沿岸专业渔民、保护区管理处专业人员；采取常年监测与临时重点监测相结合，定点监测与流动监测相结合的方式进行。

（4）生态影响管理措施。工程应合理安排各河段施工组织，上下游相邻河段施工须错开施工期，避免各河段、各施工作业点同时施工带来的累积影响。控制施工船舶数量，尽可能给长江江豚留出活动通道和空间，枯水季节尤其要注意控制施工船只密度和数量。一般而言，两个施工船舶之间的距离不小于200m。

在工程的建设期和营运期，除了工程业主应设立由工程技术、环保和安全等方面人员组成的环保工作部门，以落实各项环保措施外，施工方应与当地渔政管理部门保持密切联系，在当地渔政管理部门的指导下对水生生物进行保护，并与上述部门一道加强对工程施工行为的监督和管理。

（三）噪声治理措施与对策

本工程水上、水下施工项目主要施工机械设备均为船舶（或在船舶上）。施工期噪声主要来源于施工机械和船舶交通。主要采取以下噪声防治措施：

（1）选用高效、低噪声的施工机械设备参与施工。对高噪声设备，应在附近加设可移动的简单围幛，降低噪声辐射。

（2）严格执行《建筑施工场界环境噪声排放标准》（GB 12523—2011）对施工阶段厂界噪声限制要求，合理安排高噪声施工作业时间，减少施工噪声影响持续时间。根据施工安排，本项目夜间不施工。

（3）必须选用的高噪声设备须采取隔震减噪措施并在操作时间等方面做出相应的保护性规定。水下工程施工尽量使用低噪声设备，尽量减小水下噪声声波传播对水生生物造成的影响。

（4）施工单位应加强对机械设备的维护保养和正确操作，保持施工设备低噪声运行状态，减少运行噪声。

（5）高噪声机械现场作业人员应配备必要的噪声防护物品，操作人员每天工作时间不得超过6h。

（四）环境空气污染防治措施

（1）采用低排放的设备，提高施工组织管理水平，加强对施工机械、船舶的维护保养，禁止施工机械超负荷工作，减少尾气排放。

（2）在大风条件下作业，船舶尾气对周围环境的影响会稍大一些。因此，邻近长江村、先锋村、真洲村、团结五组和新滩村的施工场地在大风条件下作业尤其要注意防风抑尘。

（3）石料运输船装载石块以及施工机械抛洒石块时，注意洒水降尘，以减小扬尘的影响。

（五）固废防治措施

施工期固体废物包括路上施工人员生活垃圾和船舶生活垃圾等。

（1）船舶垃圾主要为船员生活垃圾及维修废弃物。生活垃圾主要是食物残渣、卫生清扫物、废旧包装袋（瓶、罐）等。维修废弃物主要是甲板垃圾、废弃纱布、脱落的漆渣及废弃工具零件等。船舶垃圾收集上岸由市政环卫部门处理，不得随意排放。对来自疫情区域的船舶垃圾，申请由卫生检疫部门统一处理。

（2）陆域垃圾主要为职工生活垃圾，职工生活垃圾主要是食物残渣、卫生清扫物、废旧包装袋（瓶、罐）等，集中交由市政环卫部门处理。

（六）血吸虫病防治措施

本工程建设将严格按照《水利血防技术规范》（SL 318—2011）的要求执行，并加强与血防部门的联系，做好协调工作。采取施工区查灭螺、对施工人员查治病、健康教育、个体防护、疫情监测与预警等钉螺及血吸虫病防控措施。

1. 施工区查灭螺

根据《水利血防技术规范》（SL 318—2011），"10.0.1 应根据工程所在区域的钉螺分布状况和血吸虫病流行情况，制定有关规定，采取相应的预防措施，避免参建人员被感染"，"10.0.4 在疫区施工，应采取措施，改善工作和生活环境，同时设立醒目的血防警示标志"。

镇扬河段三期整治工程承包商在施工人员进场前向血防部门咨询，委托血防部门对各施工区进行钉螺分布调查，掌握各段施工区是否存在钉螺易感地带，并在钉螺易感地带设立醒目的血防警示牌。对施工人员生活区、水上护坡施工段等进行螺情监测；根据螺情监测结果，施工前对施工人员生活区及劳动力密集的施工区（主要为水上人工铺筑施工江段）的易感地带进行一次防护性灭螺，采用氯硝柳胺药液（施用量 $2g/m^2$）喷洒灭螺。

2. 施工人员查治病

对进入施工区的施工人员定期进行血吸虫病体检，筛检血吸虫病原携带者。血防体检主要采用免疫学方法，检查时间为：在施工进场前开展一次，施工结束再进行一次。施工期内一共进行两次血防体检。施工期间，一旦发现血吸虫病急性感染者和血吸虫病人，应及时治疗，治疗费按触水人员的 3% 预留。

3. 健康教育

根据《水利血防技术规范》（SL 318—2011），"10.0.2 对水利血防工程参建人员应进行血防宣传教育，普及血防知识。施工监理人员应具备相关的血防专业知识"，在施工准备期向进入施工区的现场施工人员进行血防健康教育，使其了解血吸虫病的危害及其预防措施，增强自我保护能力，减少感染几率。健康教育方式为：向施工人员发放血防宣传手册；观看 1 次血防录像片；施工期不定期制作血防宣传墙报。本施工监理人员应具备相关的血防专业知识。

4. 个体防护

根据《水利血防技术规范》（SL 318—2011），"10.0.3 对参建人员应采取服用预防药品、使用防护器具等预防措施"，在施工期易发生血吸虫病急性感染期（头年 11—12 月，次年 3—4 月），每月给可能触水人员发放预防药物，预防药物主要采用口服蒿甲醚（每人每月/盒）；向接触疫水的工作人员发放防护靴、血防服，避免与疫水直接接触，血防服按 2 套/人配备。根据施工组织设计，本工程施工期平均人数为 150 人，接触疫水人员按施工人数的 20% 计，本工程施工期间需配备血防服 30 套。

五、环境监理工作完成情况

（1）根据本工程环境影响报告书及其批复文件中的环保措施，首先要求环保技术服务单位在进场前编制完成本工程环境监测方案、突发水环境应急预案、驱鱼（豚）措施的实施方案、渔政管理实施方案、受伤水生动物救护与暂养方案、湿地植被修复方案、增殖放流实施方案、重要水生生物受潜坝影响跟踪评估与影响处置实施方案、施工人员进行环境与生态保护培训方案、施工区野大豆移栽及异地恢复实施方案、对受影响动物生境与施工迹地补偿方案、施工船舶含油废水处置实施方案、施工船舶作业人员生活污水处置实施方案、施工区固体废物处置实施方案、施工区人群健康保护措施实施方案等专题实施方案。

（2）环境监理对方案实施进度进行了审查，保证各项专题实施方案按施工进度同步实施。结合工程年度施工计划，要求环保技术服务单位对各项专题实施内容进行分解，制订年度环保工作计划，经环保监理审批同意后实施。

（3）2017年7月，根据批复意见，协助工程建设处邀请了环境保护部华东督查中心、扬州市环境保护局、镇江市环境保护局的专家，在扬州组织召开了"长江镇扬河段三期整治工程环境保护技术服务工作实施方案暨施工期污染防治方案、环境应急预案咨询会"。

（4）根据批复意见，协助工程建设处召开了"长江镇扬河段三期整治工程镇江市境内工程2017年度龙门口下段护岸工程施工期饮用水源保护和风险应急工作联络会"。

（5）对施工单位开展了工程环境保护宣贯。根据批复意见，协助工程建设处邀请江苏省血防研究所、江苏省环境监测中心、江苏省太湖治理工程监管局专家在镇江组织召开了"长江镇扬河段三期整治工程生态保护、环境监测、施工区人体健康保护及施工人员环保培训专题实施方案咨询会"，向施工单位发放了《长江镇扬河段三期整治工程施工期环境保护手册》《血吸虫病防治知识》等相关宣传材料。

（6）根据环境保护监理的建议，2017年9月底，工程建设处邀请专家在镇江组织召开了"长江镇扬河段三期整治工程环保技术服务第三批专题方案咨询会暨长江重要水生动物救治应急联动工作会"。

（7）工程建设期间，完成应急预案在地方环保局的备案工作，要求环保技术服务单位组织施工单位开展了多次突发溢油事故应急救援演练。

（8）邀请了地方渔政管理部门在施工范围内进行渔政巡视检查，同时渔政管理人员对船上施工人员进行了鱼类资源保护相关知识的宣传教育。严格控制工程施工作业时段，有效避开了长江下游鱼类的繁殖期和苗种洄游期以及中华鲟亲鱼产卵溯河洄游期。为减少工程施工作业对鱼类和豚类的伤害，采购了驱豚仪，对施工区周边的鱼类、豚类进行驱离。

（9）要求施工单位在工程施工过程中对野大豆进行临时围挡，并设立了保护牌。施工结束后，要求环保技术服务单位根据湿地植被修复方案实施专题和受影响动物生境与施工迹地补偿方案与实施专题，完成了生境恢复。

六、本工程部分施工环境保护监理工作常用表格填表示例

详见表4-13～表4-23。

表 4－13   **环境保护技术方案申报表**

（环保承包〔×××〕技案×××号）

合同名称：××××××××××××××××   合同编号：×××××××××

致（监理机构）：
 	
    我方今提交 长江镇扬河段三期整治工程 （名称及编码）的：
    附：☑环境保护专项施工方案   □环境保护措施计划
          □环境保护应急预案
 	
    请贵方审批。
 	
                                 承 包 人：（现场机构名称及盖章）
                                 项目经理：（签名）
                                 日   期： 年 月 日

监理机构将另行签发审批意见。
 	
                                 监理机构：（名称及盖章）
                                 签 收 人：（签名）
                                 日   期： 年 月 日

说明：本表一式 4 份，由承包人填写。监理机构签收后，发包人 1 份、设代机构 1 份、监理机构 1 份、承包人 1 份。

表 4 − 14　　　　　　　　**环境保护现场组织机构及主要人员报审表**

（环保承包〔×××〕机构×××号）

合同名称：×××××××××××××××××　　　　　　合同编号：××××××××××

致（监理机构）： 　　现提交环境保护现场组织机构及主要人员报审表，请贵方审查。 　　附件：1. 组织机构图。 　　　　　2. 部门职责及主要人员数量、分工。 　　　　　3. 人员清单及其资格或岗位证书。   　　　　　　　　　　　　　　　　　　承 包 人：（现场机构名称及盖章） 　　　　　　　　　　　　　　　　　　项目经理：（签名） 　　　　　　　　　　　　　　　　　　日　　期：　　年 月 日
审查意见： 　　经审查，同意你部设立的现场组织机构，同意上报人员进场。   　　　　　　　　　　　　　　　　　　监理机构：（名称及盖章） 　　　　　　　　　　　　　　　　　　总监理工程师/副总监理工程师：（签名） 　　　　　　　　　　　　　　　　　　日　　期：　　年 月 日

　　说明：本表一式 4 份，由承包人填写。监理机构签收后，发包人 1 份、设代机构 1 份、监理机构 1 份、承包人 1 份。

表 4-15

环境保护费用付款申请单

（环保承包〔×××〕支付×××号）

合同名称：××××××××××××××××××　　　合同编号：××××××××××

致（监理机构）：
我方今申请支付<u>××××</u>年<u>××</u>月工程环境保护费用，总金额为（大写）<u>×××××××××××××××</u>元（小写<u>×××××××××</u>元），请贵方审查。 　　附件： 　　1. 环境保护费用付款明细表。 　　2. 其他。   　　　　　　　　　　　　　　　　　　　　　　　　　承　包　人：（现场机构名称及盖章） 　　　　　　　　　　　　　　　　　　　　　　　　项目经理：（签名） 　　　　　　　　　　　　　　　　　　　　　　　　日　　　期：　年 月 日
监理机构将另行签发审批意见。   　　　　　　　　　　　　　　　　　　　　　　　　监理机构：（名称及盖章） 　　　　　　　　　　　　　　　　　　　　　　　　签　收　人：（签名） 　　　　　　　　　　　　　　　　　　　　　　　　日　　　期：　年 月 日

说明：本申请单及附件一式 <u>4</u> 份，由承包人填写。经监理机构审核后报送发包人批准。

表 4-16

报 告 单

（环保承包〔×××〕报告×××号）

合同名称：××××××××××××××××× 合同编号：×××××××××

报告事由：针对××××年××月××日发包人及监理单位对我部现场生产营区环保检查发现的问题，我部已于××××年××月××日整改完毕，环境保护工作已落实到位，现上报监理机构进行核查。

承 包 人：（现场机构名称及盖章）

项目经理/技术负责人：（签名）

日 期： 年 月 日

监理机构意见：经核查，现场存在的环保问题已整改落实到位。

监理机构：（名称及盖章）

总监理工程师/副总监理工程师：（签名）

日 期： 年 月 日

发包人意见：经核查，现场存在的环保问题已整改落实到位。

发包人：（名称及盖章）

负责人：（签名）

日 期： 年 月 日

说明：1. 本表一式 3 份，由承包人填写。监理机构、发包人签署意见后，发包人 1 份、监理机构 1 份、承包人 1 份。

2. 如报告单涉及设计等其他单位的，可另行增加意见栏。

表 4 - 17   回　复　单

(环保承包〔×××〕回复×××号)

合同名称：×××××××××××××××××××　　　　　合同编号：×××××××××

致（监理机构）：

我方于××××年××月××日收到监理通知（监理文件文号）关于加强现场土方开挖施工过程中洒水降尘的 ☑通知/□指示，回复如下：

　　1. 我部已安排移动式雾炮车两台，针对开挖部位及车辆运输道路进行洒水降尘。

　　2. 我部已安排专职人员对土方施工现场进行洒水作业指挥。

　　3. 土方运输车辆在行驶过程中已要求全覆盖。

　　附件：现场洒水降尘图片。

承 包 人：（现场机构名称及盖章）

项目经理：（签名）

日　　期：　　年 月 日

审查意见：经审查，现场已按回复意见落实。

监 理 机 构：（名称及盖章）

监理工程师：（签名）

日　　期：　　年 月 日

说明：1. 本表一式 <u>3</u> 份，由承包人填写。监理机构、发包人签署意见后，发包人 <u>1</u> 份、监理机构 <u>1</u> 份、承包人 <u>1</u> 份。

　　　2. 如报告单涉及设计等其他单位的，可另行增加意见栏。

表 4-18

批 复 表

（环保监理〔×××〕批复×××号）

合同名称：×××××××××××××××××　　　　合同编号：××××××××××

致（承包人现场机构）：

贵方于××××年××月××日报送的<u>弃土区环境保护专项施工方案</u>（文号××××××），经监理机构审核，批复意见如下：

同意，严格按弃土区环境保护专项施工方案实施。

监理机构：（名称及盖章）

总监理工程师：（签名）

日　期：　年 月 日

今已收到环保监理〔×××〕批复×××号。

承包人：（现场机构名称及盖章）

签收人：（签名）

日　期：　年 月 日

说明：1. 本表一式<u>4</u>份，由监理机构填写。承包人签收后，发包人<u>1</u>份、设代机构<u>1</u>份、监理机构<u>1</u>份、承包人 <u>1</u>份。

2. 一般批复由监理工程师签发，重要批复由总监理工程师签发。

表 4 - 19 监 理 通 知

（环保监理〔×××〕通知×××号）

合同名称：×××××××××××××××× 合同编号：××××××××××

致（承包人现场机构）：

事由：关于加强现场土方开挖施工过程中洒水降尘的通知

通知内容：我部于××××年××月××日现场检查发现，你部在现场土方开挖施工过程中，未采取任何洒水降尘措施，现场土方运输车辆在行驶过程中未进行覆盖，请你部立即整改。

附件：土方施工扬尘图片。

监理机构：（名称及盖章）

总监理工程师/监理工程师：（签名）

日　期：　年 月 日

承包人：（现场机构名称及盖章）

签收人：（签名）

日　期：　年 月 日

说明：本表一式 3 份，由监理机构填写。发包人 1 份、监理机构 1 份、承包人 1 份。

表 4 - 20　　　　　　　　　监　理　报　告

（环保监理〔×××〕报告×××号）

合同名称：××××××××××××××××　　　　　合同编号：××××××××××

<table>
<tr><td>
致（发包人）：
　　事由：关于第一批环保监理人员进场的报告

　　报告内容：根据合同约定，我部现组织第一批环保监理人员进场，进场人员清单及其资格或岗位证书附后，请贵方审批。

监 理 机 构：（名称及盖章）
总监理工程师：（签名）
日　　　期：　年 月 日
</td></tr>
<tr><td>
　　就贵方报告事宜答复如下：

　　同意第一批环保监理人员进场开展工作。

发包人：（名称及盖章）
签收人：（签名）
日　　期：　年 月 日
</td></tr>
</table>

说明：1. 本表一式 2 份，由监理机构填写。发包人批复后留 1 份，退回监理机构 1 份。

　　　2. 本表可用于监理机构认为需报请发包人批示的各项事宜。

表 4 - 21　　　　　　　　　　**工 程 现 场 书 面 通 知**

（环保监理〔×××〕现通×××号）

合同名称：×××××××××××××××××　　　　　合同编号：×××××××××

致（承包人现场机构）：

　　事由：关于加强 1 号弃土区土方覆盖的通知

　　通知内容：你部 1 号弃土区已完成弃土施工，现要求你部根据合同约定，在××××年××月××日前对 1 号弃土区进行全面覆盖。

监理机构：（名称及盖章）

监理工程师/监理员：（签名）

日　　期：　年 月 日

　　承包人意见：我部已收悉关于加强 1 号弃土区土方覆盖的通知（文号：_____），我部将在××××年××月××日前对 1 号弃土区进行全面覆盖。

承　包　人：（现场机构名称及盖章）

现场负责人：（签名）

日　　期：　年 月 日

说明：1. 本表一式 2 份，由监理机构填写。承包人签署意见后，监理机构 1 份、承包人 1 份。

　　　2. 本表一般情况下应由监理工程师签发；对现场发现的承包人员违反操作规程的行为，监理员可以签发。

表 4 - 22   **环境保护费用付款证书**

(环保监理〔×××〕支付×××号)

合同名称：×××××××××××××××××   合同编号：×××××××××

致（发包人）： 　　经审核承包人的环境保护费用付款申请单（环保承包〔×××〕支付×××号），本期应支付给承包人的环境保护费用金额共计（大写）<u>×××××××××××</u>元（小写<u>××××××</u>元），请贵方在工程款支付中将上述工程价款支付给承包人。 　　附件：1. 环境保护费用付款审核表。 　　　　　2. 其他。   　　　　　　　　　　　　　　　　　　　　　　监　理　机　构：（名称及盖章） 　　　　　　　　　　　　　　　　　　　　　　总监理工程师：（签名） 　　　　　　　　　　　　　　　　　　　　　　日　　　　　期：　年 月 日
发包人审批意见：   同意支付。   　　　　　　　　　　　　　　　　　　　　　　发包人：（名称及盖章） 　　　　　　　　　　　　　　　　　　　　　　负责人：（签名） 　　　　　　　　　　　　　　　　　　　　　　日　　期：　年 月 日

说明：1. 如工程施工监理单位与环境保护监理单位为同一单位时，本证书经发包人审批后转送工程施工监理机构，
　　　　作为工程款支付文件的组成部分。

　　　2. 本证书一式 <u>4</u> 份，发包人 <u>1</u> 份、环境保护监理机构 <u>1</u> 份、施工监理机构 <u>1</u> 份、承包人 <u>1</u> 份。

表 4-23 环 境 保 护 监 理 日 记

填写人：×××   日期：××××年××月××日

天气	晴	温度	25～32℃
施工部位 （监测内容、管理活动）	5+000～6+000 段土方开挖施工。		
施工、监测、管理情况	施工人员环保教育已落实，施工场地及施工便道扬尘已控制，施工区域及施工影响区域的噪声、强光已控制，环保设备设施配备已到位。		
施工、监测、管理作业中存在的问题及处理情况	施工区固体废物的收集未及时处理，已下发工程现场书面通知（环保监理〔×××〕现通×××号）要求施工单位立即处理。		
其他事项	无。		
承包人的环境保护管理人员到位情况	承包人环境保护管理人员到位2人，符合合同约定。		
环境保护管理设施运行状况和监测仪器完好情况	环保管理设施和监测仪器运行完好。		
其他	召开了第×××次环境保护监理工作例会。		

说明：1. 本表由监理机构指定专人填写，按月装订成册。

2. 本表栏内内容可另附页，并标注日期。

思 考 题

4-1 水利枢纽工程环境监理的作用是什么？

4-2 堤防工程施工环境保护监理的主要工作内容有哪些？

4-3 水库工程施工环境保护监理的工作时段和内容是什么？

参 考 文 献

［1］ 蔡守秋. 环境法教程［M］. 北京：法律出版社，1995.

［2］ 蔡守秋. 环境资源法教程［M］. 北京：高等教育出版社，2004.

［3］ 全国人大环境与资源保护委员会法案室. 中华人民共和国环境影响评价法释义［M］. 北京：中国法制出版社，2003.

［4］ 王健. 水利工程生态保护的法律调控机制探讨［J］. 中国水利，2005（18）：14-16.

［5］ 环境影响评价法与规划、设计、建设项目实施手册编委会，全国人大常委会法制工作委员会经济法室. 中华人民共和国影响评价法与规划、设计、建设项目实施手册：上册［M］. 北京：中国环境科学出版社，2002.

［6］ 朱党生，周奕梅，邹家祥. 水利水电工程环境影响评价［M］. 北京：中国环境科学出版社，2006.

［7］ 国家环境保护总局监督管理司. 中国环境影响评价：培训教材［M］. 北京：化学工业出版社，2000.

［8］ 李珍照，王益敏，陈胜宏，等. 中国水利百科全书：水工建筑物分册［M］. 北京：中国水利水电出版社，2004.

［9］ 国家环境保护总局监督管理司. 中国环境影响评价培训教材［M］. 北京：化学工业出版社，2000.

［10］ 毛文永. 生态环境影响评价概论［M］. 北京：中国环境科学出版社，1998.

［11］ 中国水产研究院黄海水产研究所. 吉林省珲春市老龙口水利枢纽工程过鱼道设计报告［R］. 2004.

［12］ 河南省水利物测设计院（现为河南省水利勘测设计院）. 南水北调中线一期工程总干渠安阳段初步设计报告［R］. 2005.

［13］ 李文义，聂相田. 水利工程建设监理培训教材：建设监理概论［M］. 北京：中国水利水电出版社，2007.

［14］ 谢庆涛. 项目环境管理［M］. 北京：中国环境科学出版社，2004.

［15］ 解新芳. 黄河小浪底工程环境保护实践［M］. 郑州：黄河水利出版社，2000.

［16］ 中国水利工程协会，水利工程建设环境保护监理［M］. 北京：中国水利水电出版社，2010.

［17］ 中华人民共和国水利部. SL 288—2014 水利工程建设项目施工监理规范［S］. 北京：中国水利水电出版社，2014.

［18］ 中国水利工程协会. T00/CWEA 3—2017 水利工程施工环境保护监理规范［S］. 北京：中国水利水电出版社，2017.